想從事傳遞生命的農業，
那就是我的心願。

這裡是家人與夥伴
共同經營的佐佐木農場。
地點在北海道洞爺湖附近。

我總是有這樣的感覺：

與人類的人生一樣，
農地的作物也有各種試煉，像是
豪雨不斷、乾旱、酷熱、寒冷，
被蟲子啃食、感染病害等等。

不過，蔬菜面對那些試煉，
並不會悲嘆或抱怨。

重視農地的和諧，
在彼此互相支持的同時，
為使自己發光發熱
而全心全意地活著。

一看到那樣的景象，自己身為地球上的生物，
也會想活得像它們一樣，這樣的心情不禁油然而生。

同樣是生命，
我雖然也有過許多試煉，
但是我慢慢體會到，
那些都是為了讓我的生命綻放光芒，
也是有助於周遭各個生命的安排。

啊～照片中正是我的兒子——大地。
雖然現在他的靈魂已經離開肉體，搬到了別的地方，卻教會了我許多關於土壤及微生物的事。

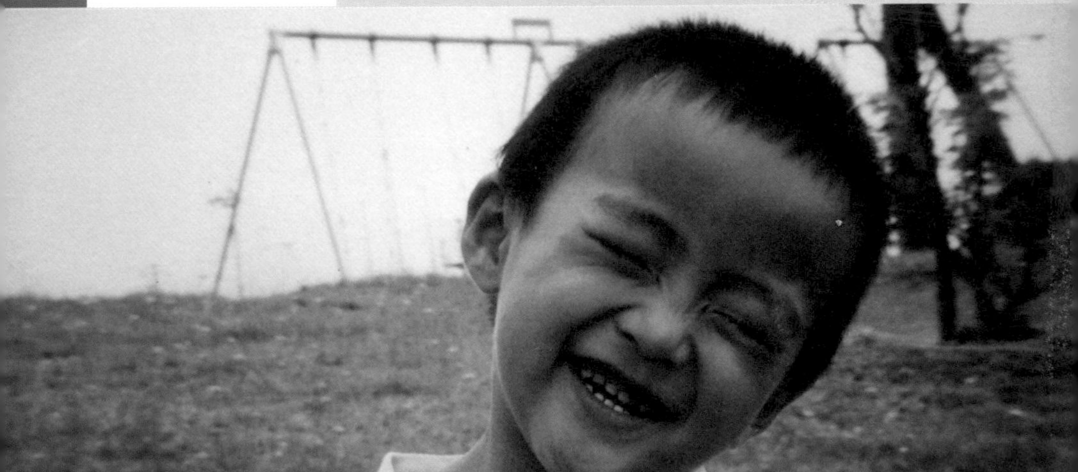

除了家人與工作同仁之外，
還有更多的人，
甚至是雜草、小蟲、微生物等，
也都是彼此的夥伴。
大家都互相支持著。

只要這麼一想，
就會開心起來。

感恩之情從內心湧現，
整顆心會變得幸福。

感恩。

感恩。

就是「感恩」這兩個字。

為了活下去，
所以專注在心中
持續說出「感恩」。

「怎麼覺得，
牛蒡好像比平常更好吃耶。
有做了什麼特別的事嗎？」

「欸？也沒什麼……
只是說了『感恩』而已。」

微小的變化是奇蹟的開始。

令大地歡喜的感恩奇蹟，
就此展開序幕。

三十六萬遍感恩的奇蹟

所有生命都是值得感激的存在！
用心念的力量，向大自然學習幸福之道。

村上貴仁——著
蘇楓雅——譯

大地がよろこぶ
「ありがとう」の奇跡

目次

CONTENTS

推薦序

前言

目次

第一章 突發事件：兒子離家 037

第二章

第三章

CONTENTS

目次

第四章

全部拜好友相挺所賜 185

CONTENTS

推薦序

改變的力量

食療養生專家　王明勇

改變是需要有智慧的事情，也是勇氣的表現。看完了這本書，讓我非常感動，一個人的生命如果可以影響其他生命，這是我們存在的重要價值之一。環境、食物與人類的生命健康有著重要的三角關係，作者把對於兒子生命的關懷及愛護，轉移至環境和其他生命上，令人非常敬佩。我常與人分享，老天爺發生什麼事情在我們身上，都有它很重要的意義，不管是生病或生命的改變。我自己因為年輕時的一場意外，也改變了一生；我與作者一樣，對生命有了另一番領悟，因此在全世界推廣健康飲食三好運動，也就是：食用者好、生產者好、環境也好。所以我看了這本書之後，深深感受到作者那份對所有生命的熱愛，以及對環境關懷的熱忱。

我也是農家子弟出身，雖然現在沒有務農，但是也長期關懷台灣農業環境的改變。從數據統計，我們發現台灣癌症死亡比例較高的鄉鎮，大多在農業區，可見農藥及環境污染和健康有非常大的關聯。我幾年前曾在總統府發表一個專題演講，題目就是「環境、食物與人的健康關係」，因為台灣的農藥使用量已經在亞洲居冠，所以希望政府從政策方面帶頭，訂定減少農藥使用量的政策與方法，改變農民的生產方式，如同作者所提的感恩農法，才能改變農民的生活、健康，以及消費者的健康，還有保護環境。

土壤是人類的體外循環，土壤生產的食物進入體內，到達我們的體內循環，有乾淨的土壤才能孕育出純淨又有能量的營養食物，才能讓我們的身體健康得到基本的保障。食物決定一個人的體質，而食物從生產、運送、加工、烹調，到最後我們用什麼樣的心情吃到體內，每個環節都影響我們的身體健康，所以作者感恩農法的五大原則，其實希望的不只是改變生產者的心性，也希望傳遞營養有能量的食物到消費者的體內。

十多年前那場重大的意外發生之後，從此我的人生座右銘就是：「危機就是轉機」，把危機的負能量轉向正向的力量，因此，我非常能瞭解作者這份轉念的力量。我後來所推廣的健康三好運動，是希望小到媽媽炒菜煮飯，大到我們的有機農業，如果都能朝向健康三好的原則，那麼不管是這個世界或我們自己的人生都可以更加美好。我們的起心動念、言行舉止，不止影響個人，也在在影響我們周遭的所有人事物。一本好書也是如此，每個人都有自己的精彩故事，這本好書的精彩故事，值得與大家分享。

曾經滄海、不能回頭，

莫忘初衷、生命之重，
茫茫人海、誰與相逢，
紅塵紛擾、感恩由衷！

推薦序

創造奇蹟的感恩農法

財團法人梧桐環境整合基金會執行長　朱慧芳

作者村上貴仁在最困頓挫折的時候，了悟「感恩」的力量，並因為「感恩」而走出原本幾乎走投無路的絕望境地，成為正向循環農耕法的典範，並脫胎換骨活出燦爛的生命。這本看似描述有機農耕的書，其實更是一本勵志小說、一本土壤學、一本自然養生之道、一本有機農業技術專書、一本心靈感應的奇蹟，且字字都是作者和家人用生命血淚寫成的故事。

故事從村上貴仁個人的轉業開始，娓娓道出發生在他的家庭與農地上的巨大變化，以及藏在每個困境後頭的突破與昇華。誠如作者描述，自己是一個「不管任何時候，都可以在這個當下微笑」的人，無論遇到什麼難關，他總是想要追根究柢，找出其中的因果關係，再類比到生活經驗中的所有大小事件。這個習慣，終於讓他悟出：心懷感恩、真心誠意的感恩、一心不亂堅持到底的感恩，終能夠創造奇蹟。

這些奇蹟包括過世的孩子雖然軀體死去，但意識卻繼續與家人緊密在一起，以至於產生後續的連串迴響；又包括罹患怪病的妻子，在靈療師的診治陪伴之後，奇蹟般地回復健康；甚至還包括硬邦邦的底層田土漸漸鬆軟成為豐穰的沃土。作者提到他聽人說過：「沉到了最底處，接著就只能往上浮而已。」我想，所謂的奇蹟，就是置諸死地而後生，沉到最底深處之後的反彈，因為人生終究會回到生命最初的雙螺旋，藉由能量扭轉翻滾，向上循環。

在有機農耕的領域裡，我遇過許多像村上貴仁這樣中途轉業入行的農夫，他們大多數的背景跟作者很類似，因為有家族的農耕資源或淵源而投入農業，且投入的初期也都難免面臨跟過去的自己，以及跟家族的傳統習慣產生衝突。好在，生命的能量總是向著陽光。衝突，最終也都會因為累積了足夠的愛與經驗，達到人與人、人與環境，甚至與市場體系的協調平衡。我相信不只是農業工作者，也包括所有創業者，讀到這本書時，都會產生心有戚戚焉的共鳴。

有機農耕是農業資本化後的另類選項，長久以來發展出不同的派別與耕種法，例如自然農法（Natural Farming）、超越有機（Beyond Organic）、生機互動（Biodynamic）、無毒栽種法（Chemical Free）、樸門設計（Permenculture）等等，這些有機農耕法，多半琢磨在種植與環境之間的關係：尊重自然、師法自然、提高生物多樣性、形成生態互動循環、減少人力對自然的破壞，甚至強調整個宇宙星系與作物之間的靈性關係。本書作者歷經了生命挫折與錐心之痛，領悟出的「感恩農法」則是直接與萬物、與眾人交心，誠心感謝，超越農耕，因而創造天人共好的結果。

訴說親身故事的書，總是教人想一氣呵成看個過癮。如果讀者正在經歷生命中的疑惑與困頓，或自覺碰觸谷底，我都推薦您透過文字與作者村上貴仁和他的感恩感應交流。

推薦序

對一切的發生與相遇表達喜悅和感恩

《哈佛醫師養生法》系列作者　許瑞云

《三十六萬遍感恩的奇蹟》是一本讓人很驚豔、充滿能量的書！很值得細細品味詳讀，尤其是對生命陷入困境的人，如果可以力行書中的五大原則，應該會得到很大的助力、走出困境。作者原本用對錯好壞的評論方式在過生活，不僅造成他的事業困頓、家庭不和諧、身體衰敗、加上後來又經歷了喪子之痛，而整個人陷入了全面憂鬱的狀態、瀕臨破產，但是最後他體悟到了那樣的生活方式不僅會傷害自己，也會傷害到他人，進而創立了感恩農法。感恩農法雖然稱作農法，卻不單單只是農業的經營方式而已，更重要的是一種「生活方式」，實踐這樣的生活方式，他的人生變得非常順利，困難變成不再是困難；非但不是困難，反而感覺到能量滿滿的幸福。

作者在書中說：「就算是形狀較醜，大小不合標準，也都全憑人類的主觀評斷。從生命的觀點來看，大小、形色都不是關鍵，每個都是珍貴的生命。認同生命原原本本的樣貌才是感恩農法。」作者也提到，教養孩子也是同樣的道理，不會讀書的孩子、運動力差的孩子、好動的孩子、頑皮的孩子、身心有障礙的孩子等等，這些都是我們為孩子貼上的標籤，從比較得來的。其實沒有一個孩子是「不好的」，身為父母，可以去發現這個孩子能做什麼，以及思考孩子該以什麼形式來實踐立足，讓生命以原有的姿態、全心全意的活著。

人感到安心的時候，就會吸收和增加能量；可是，感到不安或擔心的時候，就會釋放和消耗能量。不管是經營事業、發展感情，或做任何事情，如果可以一開始用感恩的方式，從吸引能量起步，就會讓事情進行得更加順利。尤其是去感受書中所陳述的能量，人與人之間自然就不會互相奪取，而是去連接上這無限的能量來彼此分享，這樣才能與全部生命的幸福連結在一起。

人生短短數十年，不管發生什麼、不管順境或逆境，都是體驗罷了！讓我們一起學習去對一切的發生與相遇表達喜悅和感恩吧！

推薦序

別擔心，大地會守護大家的

穀東俱樂部發起人　賴青松

一口氣讀完書稿之後，心頭有種峰迴路轉，卻又如釋重負的微妙感受，繼而湧現對作者村上先生、邀約序文的淑鈴小姐，還有譯者楓雅小姐，以及引薦這本好書的時報出版，乃至於歸農道路上所有聚合來去的奇妙因緣，一股難以言喻的感恩之情，特別是在穀東俱樂部進入第十五個年頭，深溝村已然群聚許多志願農民，苦尋天人和諧出路的這個當下……

說來有緣，我與村上先生同年，也就是都生於一九七〇年（昭和四十五年）。在那個工業污染達到空前的年代，日本國會曾經召開臨時會，通過有史以來最多的公害防治相關法令，建立了日本環境保護的基本法體系，因此一九七〇年的臨時國會也被日本人暱稱為「公害國會」。在那個經濟起飛口號響徹雲霄、工業污染也深深籠罩的時空下，在都市出生的兩個同齡人，卻在南北相隔千里之遙的海島上，不約而同地選擇了妻子的家鄉務農，邁向了回歸大地的方向……

村上先生的文字質樸而有力，只因一字一句都來自於人生路上的親身體驗。尤其是稚子大地，離開家人也離開人世的這段經歷，我想只有當事人才能明白箇中滋味。然而這場世間最難的別離，非但沒有擊倒他，反而啟動了他凡事感恩，活在當下的新生命的開關！這也讓他從一個自以為是，只想轉變傳統農家生活慣性的外來者，成為一個臣服於大地，對所有生命感恩的自在農夫！這個轉折讓我回想起二十年前，當時還在主婦聯盟共同購買中心擔任進貨的物流工作，也曾在頻繁往返城鄉之間，某個月黑風高的夜晚，因搶黃燈闖入了逆向車道，與死神擦身而過的經驗！也是那個大難不死的片刻，才讓自己卸下肩上自以為是的使命感，決心回歸土地，尋一方安身立命的所在……

拿起鋤頭，養土耕地，看似容易的生活節奏，對早已習慣爭權奪利，凡事以個體最大利益為優先的現代人來說，卻有著難如登天的隔閡！從小經歷至親好友接連去世的作者，出社會後因故被迫放棄喜愛的游泳教練工作，選擇回返妻子老家繼承農場經營，卻因無法融入當地而陷入憂鬱症的谷底，緊接著是長子辭世的打擊，最後就連妻子也面臨病危的生死關卡……光是透過閱讀，就足以讓人感受到字裡行間，那股無處可逃的窒息感，換作自己的話，又將會如何面對這些人生考驗呢？

經常聽人家說，人生的考驗才是上天最珍貴的禮物！但是如何從艱困的苦難中，悟出那份來自天地萬有的慈悲，恐怕才是今生最困難的修為之路！平凡如我輩經常如是想，一旦得嘗上蒼的恩典，餘生必當深深感恩！而村上先生選擇的卻是另一個方向，只要從此刻開始，深深感恩，終有一天，你我也能得見那上天最溫柔的慈悲……

終究，村上先生在經歷百般苦難磨練後，淘洗出一齣從對立衝撞到臣服感恩的人生大河劇，更難能可貴的是，憑著細心觀察與堅持記錄的習慣，梳理出一套容易理解與執行的感恩哲學與人生活法！二十多年來，我持續關注臺灣有機／友善農耕的演進，陪伴耕耘大地的志願農民的個人經驗，一一在這本書中得到印證，甚至在許多志願歸農的前輩身上，彷彿都能見到村上先生的身影……

即使對於化學肥料與農藥，實踐自然農法的村上先生也未曾大加撻伐，反而寬容地認為那是一個時代的象徵，也積累了人類社會進步的基礎！他甚至認為農作物最重要的能量，與有機栽培或慣行生產無關，反倒與種植者／加工者與調理者，甚至於食用者本身的心念息息相關！以我自己的話來說，與其盲目追求徒具形式的工業化有機農產品，我更願意相信使用農藥的誠實農民，因為誠實才是通往有機／友善農業與天然生活的原點與不二法門！

記得在紀錄片《無米樂》中，崑濱伯曾留下一句經典臺詞：「作田若親像修行」，看來這是所有樂在務農者共通的體悟！無論肉眼是否得見的存在，人生天地之間，唯有依賴眾生的生命方得滋養，那麼時時刻刻深懷感恩，或許是人之所能的最佳回報！而相同的價值觀，早已存在於先民的日常生活之中，初一十五誠心敬拜，插秧刈稻時時感恩，山河水圳、老樹堤防，無一不有滋潤與守護生命的神靈所寄！甚至連群集宜蘭深溝村，實踐友善耕作的新農夥伴們，也從二〇一五年開始，在村中信仰的主神三官大帝的訊息引導之下，開始形成新的小農祭祀圈，每年在插秧時節集體敬拜土地伯公及田頭老大公，感謝田地間萬有無形的保佑與福庇！

正如村上先生所說，其實感恩農法並沒有特別神奇的祕密，只要能夠認同生命力（天之所賜），感受能量（盡人所能），相信豐穰（后土載物），瞭解陰陽調和（平衡之道），確保循環不中斷（生生不息），就能看見萬物息息相關、彼此相連的新世界。至此終於明白，為何鄉間的老者總愛說：「人在做，天在看。」儘管因為時空環境不同，論述與說法時時變化，一如爬山登頂時的路徑可以有千百不同，但攻頂之後的極目遠眺卻是一致！身處天人之際的農人（或漁夫），在這個環境急遽崩壞的時代，看來已自然而然地背負起傳遞者的角色，藉由農耕與食物的循環，向世間眾人傳達天地人和諧共生之道！

闔上書本之前，最後目光停留在村上先生的那句話：「把腳下的大地當做自己的兒子來對待……」此時，耳邊卻彷彿響起大地稚嫩的童言細語：「別擔心，大地會守護大家的……」

給臺灣讀者的話

承蒙關照，非常感謝時報出版社這次替我的拙作出了臺灣版。當我們從日本的サンマーク出版那裡看到臺灣版的封面時，我們夫婦甚至感動到泛出了眼淚。

我的兒子「大地」是在四歲的時候過世的，我們全家都非常悲痛。然而他的肉體雖已消逝，我們卻從某天開始、且直到現在都仍會在各種情境下感覺到大地的存在；那並不是來自於悲傷，而是我們的心能夠感受到他的成長。雖然沒了身體，我們卻可以感覺到他逐漸長大的樣子。

假如他還在世上，當他成為小學生的那些年，他從「屬於我們的大地」成長為「屬於北海道的大地」（我有一位從事電影工作的導演友人為我們拍攝了一部以大地為主角的電影，也製作成了音樂劇）；而等他到了中學生左右的年紀時，則一口氣成了「屬於日本的大地」。目前我們的家族離開了出生地北海道，正在「淡路島」這處日本神話的中心地實行著「感恩農法」。

我們感覺到他好像逐年在成長。倘若他還在世的話，現在就會是一名高中生；成為高中生的他慢慢地長大成人，最後終於成了「屬於世界的大地」——而協助我們實現它的，正是臺灣的各位友人。

「願世界上所有人都能迎來幸福」是大地的心願。

實在是非常感謝臺灣的朋友們這麼快就讓這樣的心願得以成形（且當我得知日版編輯的祖父其實是臺灣籍時非常驚訝）。臺灣人和日本人是一種血濃於水、總是相互扶持的關係，只要一想到猶如兄弟姐妹般國家的朋友們能夠閱讀到大地的所思所想，我就會感到非常高興，而大地也一定會和我一樣開心吧。

希望讀了這本書的朋友，能夠領悟到什麼是人生真正的財富，並且努力地過生活。我們也很希望能有機會造訪臺灣。

獻上我由衷的感謝

感恩農法　村上貴仁&紗由美

前言

「這個有萵苣的味道嗎？」

我到了二十五、六歲以後，才開始從事農業。妻子紗由美的娘家，從曾祖父那一代起，就是在北海道洞爺地區開墾的大規模農家。身為第三代的岳父曾遠赴美國學習近代農業，成為洞爺地區第一個栽培萵苣的先鋒。我在這裡學習實作，接著繼承整座農場，最後展開了務農的生涯與事業。

雖然農業對我來說，是一個充滿未知的世界，卻能感受到它無比的魅力。身處大自然之中勞動身體，不是一件很棒的事嗎？當時，只要想像自己在廣闊的大地上工作，就連夢想也會跟著不斷地擴大。

「我想栽種美味的蔬菜，帶給許多人幸福！」

在下定決心走農業這條路的時候，我如此熱切地對紗由美說出心中的想望。

我終於找到了適合自己的工作，那時心中感到雀躍不已。

一直以來，我總是想做被別人需要的工作。小時候，完全沒有運動細胞的我，因為體操課老師的一句話，而對體操運動產生熱愛；到了高中時期，甚至還參加北海道的全道運動大會。曾經被人取笑為運動白痴，最討厭運動會和體育課的我，居然能在全道運動大會上場比賽，這是任何人都想像不到的事情。

那次經驗給予我莫大的自信心，相信只要努力，許多事都能辦到。從此，我愛上了運動這件事。就像那次經驗及那位老師能為我帶來影響一樣，我也開始懷抱一個夢想：我想要教導不擅長運動的孩子，體驗運動的樂趣；如果可以，我想成為體育老師。儘管後來因某個緣故，我無法當體育老師。不過，我在運動中心找到了工作，成為教導小孩子游泳的教練。

教導孩子，讓他們體驗到活動身體的樂趣，這一點倒是與體育老師的職責相同。我連假日都不休息，持續到游泳池上課。

然而，工作了幾年以後，我發現自己竟朝著與初衷有點不同的方向前進，變成了只想拚命提升紀錄的魔鬼教練，反而忽略了運動的樂趣。我開始自問：這樣好嗎？小孩子真的開心嗎？他們真的需要我嗎？

「難道我愈來愈不懂得體諒不擅長運動的孩子嗎？」

「原本想要教導不擅長運動的孩子認識運動的樂趣，那份興奮與熱情，到底跑到哪裡去了？」

我苦苦思索後，最終得出結論——「我不能再這樣下去」。於是，我辭去運動中心的工作。

那麼，接下來該怎麼辦才好呢？

不管怎樣，我就是一直想做被人需要、能夠使別人開心的工作。應該有什麼工作是可以符合人們的需求吧？

我百般思考後，我突然靈光乍現，腦中閃現「農業」兩個字。所謂農業，就是生產食物給世人的工作。每個人都要吃米和蔬菜。我認為，這是為了讓人類生存下去，不可或缺的一項工作。再也沒有其他工作，比農業對人類更重要。只有這條路可走了。恰巧妻子的娘家是務農人家，所以我也沒什麼好猶豫的。

紗由美是家中四姊妹中的大姐，從小被視為農場未來的繼承人而栽培長大。因為是有歷史傳承的農場，因此父母的期待不可等閒視之。紗由美常說，雖然自己是女兒身，但父母完全用對待長男的方式教養她。

不過，到了約定好的繼承時間，紗由美卻覺得在札幌的工作更有意思，即使掛心洞爺的農事，她心中卻猶豫不決，考慮也許繼續留在札幌會比較好。何況紗由美的妹妹也提議，自己可以繼承農場。就在那個時間點，我說出了「想去務農」的內心話。對紗由美來說，說不定那也成了走出迷惑的契機，於是她對我說：「我知道了，那就一起做吧。」

那就是我們邁向夢想的第一步。

可是，現實狀況就沒那麼順利了。從此，我們夫妻倆就開始了動盪不安又苦難的人生。第一章裡我會詳細敘述，那樣的生活真是苦不堪言，根本就不是我們所預期的！每天到處向人求助，反覆上演辛酸又悲傷的劇情。我一度出現憂鬱症狀，一到夜晚就發出怪聲，跑到屋外的某個地方，直到早上還不想回家。

事情並沒有就這樣結束，雖然我朝著更深的谷底下沉，卻想起大家常說的：**「沉到了最底處，接著就只能往上浮而已」**；的確如此，後來那些困境就成推動我前進的助力。那個時候，我緊抓住各種事物，讓自己浮了上來；種種考驗變成往後人生的經驗寶庫。包括這本書的主題——**「感恩農法」**——也是這麼來的。若沒有那些被迫跌入深淵、再從谷底翻身的苦日子，我也不會發現這個方法吧。

前往洞爺當地，那時的情景至今仍舊記憶猶新。

內心所懷抱的理想與現實差距之大，令我感到愕然。

原本我滿懷希望，全心全意想要栽種新鮮的蔬菜，給大家帶來幸福，於是意氣昂揚地投入農業生產的第一線。

然而，今日的農業以及周遭的環境，事實上卻完全遠離我的理想，「與自然共生共榮」不過是句漂亮的口號。儘管我認為眾人有不得已的苦衷，畢竟現代社會以便利、舒適、合理性為優先考量，但我還是無法說服自己相信，那種做法是正確的。總之，每一件事都對我造成莫大的衝擊。「劈哩啪啦」，我聽到了夢想不斷裂的聲音。

之前，我到加工廠去察看時，發生了這樣的事：我家農場所採收的萵苣，首先會運到那座加工廠，然後再包裝送到便利商店及家庭餐廳。我迫不及待想知道，自己揮灑血汗種植的萵苣，是如何被處理成商品，又如何能為人帶來莫大的滿足感。那時，我一心想親眼確認，從事被人所需要的工作，能否產生成就感。

可是……

我當時對處理流程一無所知，所以一看到萵苣分裝與出貨的過程，驚訝得說不出話來。我在當場呆若木雞，也感到非常傷心。

從箱子裡取出的萵苣，先去掉菜芯，接著送上工廠的作業線。過程中，作業員用藥物反覆沖洗蔬菜，除了漂白，也添加防腐劑，再經過脫水，最後包裝起來。這些商品供應給便利商店及家庭餐廳，用來製作成沙拉和三明治，最後進入顧客的口中。

我連想都不想，馬上質問工廠廠長：

「那些萵苣，還有萵苣的味道嗎？」

廠長擺出一副理所當然的表情，面不改色地答道：**「應該沒有萵苣的味道了吧。」**

「為什麼要做到這種程度？」

我進一步繼續詢問。

「對工廠而言，最怕的就是蔬菜裡面有異物。更何況，萵苣迅速腐爛或變紅的話，就不能當商品賣了。」
廠長詳細地對我說明。
確實沒錯，在便利商店買三明治的時候，假如裡面的萵苣變成了紅色，就不會有人購買。站在今日的物流、食品管理的立場來看，把萵苣清洗、漂白到喪失原味的程度，也許是無可奈何的事。
不過，一想到我們自己努力種植的農作物，是遭到這般的對待，我仍然不由得感到遺憾。
此外，我在現場也看到，作業員利用藥物，讓乾枯的萵苣恢復成青翠的樣子，還有工人大量丟棄食品的情況。
「所謂食物，到底是什麼呢？」
自那時候起，這個疑問就一直盤踞在我的心裡。
那就是我務農的起點。當時的我，經常用「對的」、「錯的」來批判生活大小事，所以也變得容易與周遭的一切起衝突。

生活變得愈來愈痛苦，連人也陷入憂鬱的狀態，苦思煩惱著要不要放棄務農。就連摯愛的兒子竟也突然去世，到了最後，好不容易才看見自己應該立志行走的路。那個生存之道就是——尊敬、愛惜一切生命的**「感恩農法」**。現在的我，每天除了快樂地生活著，別無其他要務。這都是因為實踐了「感恩農法」的緣故；我從中學習到許多道理，並應用在生活上。

我之所以寫下這本書，就是想讓更多人認識「感恩農法」，並且將這個方法應用於自己的人生當中。這些全部都是大自然、菜園、蔬菜，以及兒子——大地，所教會我的道理。**何謂生命？何謂幸福？何謂自然？**希望透過我的親身經驗及思索，讀者能想一想當中有什麼啟發。

寫書過程中，我也不斷祈禱諸位的生命能夠發光發熱。若您能仔細閱讀到最後，一定會有所收穫。

第一章

突發事件：兒子離家

在悲痛日子中所得到的領悟

「寶貝兒子去世、妻子被宣告不知何時會死去、佐佐木農場幾近破產，困難一波未平一波又起，面臨這樣的困境，你竟然還能笑著度日啊！」有人會這麼說。確實，現在的我總是帶著笑容。因為總是眉開眼笑，所以身邊的人都很羨慕我，說我是「樂觀的傢伙」。但事實上我也有煩惱，還有痛苦和悲傷。可是，不管任何時候，我都可以在那個當下微笑。

這是什麼緣故呢？

「那是因為我身體力行感恩農法的生活方式呀！」我總是會這麼回答。

「感恩農法」不僅是我耕種農作物所實踐的方法，同時也是我的生活模式。我從去世的兒子、農作物、農地，以至於蟲子、微生物當中，學習到了許多事情。剛開始不明白的事情，也漸漸在經驗的累積過程中，加以吸收，並納入自己的內心世界。我做的只是，在自己的生活當中學以致用而已。

對農地的作物而言，也會遇到各式各樣的試煉；遇上連雨或乾旱、天候燥熱或寒冷，還會被蟲啃食及發生病害。但是，它們面對試煉，並不會時時嘆氣或口出怨言。它們重視農地的和諧，除了互相支持合作，還發揮生命所長，用盡全力活著。

看到它們努力的姿態，讓我領悟到，自己身為存在於地球上的生物，也想和它們一樣好好活著。同為生命體，我雖然也遇到許多試煉，卻逐漸意識到那些都是最好的安排，是為了讓我的生命散發光芒，為周遭的生命提供助益。

不只是家人和朋友，還有許許多多的人，甚至包括綠草、小蟲、微生物等，全部都成為支持我的夥伴。這麼一想的話，心情自然就會變得愉快，內在的感恩之情有如泉湧，整顆心都充滿幸福感。

因此，我總是能面帶微笑。

不過，這可不是一朝一夕之間就辦得到的事。一九九七年，我開始在洞爺務農，尚未搞懂的事情多得數不清，難題又接二連三地發生。當時，我無法笑著接受一切。我不停哀嘆：「為什麼只有我遇到問題……」漸漸身心俱疲，感覺整個人都快崩壞了，心裡不知想過幾遍「不行了」、「再也撐不下去了」。

然而，卻是從這段期間，我才開始學會很多人生的課題。也是在無比悲傷之中翻騰許久後，才體悟到這些事情。

我不太喜歡跟別人談論自己的辛酸史，可是要說到「感恩農法」，就不得不提到那些甘苦談。因此，請先聽我娓娓道來，當時是陷入了怎樣的困境，以及從中所領悟到的種種心得。

一九九七年來到洞爺開始從事農業後，最初所懷抱的理想完全破滅，我的精神狀況也變得支離破碎。在那九年間，能努力的，我都盡全力做了。但是，我再也撐不下去了，甚至走到最後一步，跟紗由美商量要離開洞爺。

我沒有去醫院就診，也沒有醫師的診斷，但我想當時自己應該有憂鬱症狀。半夜大聲叫出奇怪的聲音、赤腳飛奔跑出屋外是常有的事，但自己卻毫無記憶。等到意識清醒時，不是發現自己在車裡睡著了，就是躺在牧草上；早晨的太陽升起時，就對著自己說：「天亮了，得去工作了。」然後回家去。

紗由美一直很擔心，不確定我是不是已經變成行屍走肉。我自己倒沒想過要尋死，不過，開車的時候總是會想著：「有沒有誰會來撞我，或就這樣掉落懸崖的話，一切就會變得輕鬆了吧？」

為什麼整個人會變成那樣呢？我自己很清楚，一切的問題都起因於開始務農後，自己懷抱的理想意外破滅。那些不平、不滿、憤怒、悲傷等情緒大量堆疊起來，就會嚴重損害精神健康。

想打破至今以來的農家常識

我和紗由美開始從事農業時，曾經做過一項決定：既然好不容易踏入這一行，就一起把農業界變好吧。兩人經常討論著，要努力創造一個機制，使務農的人能夠獲得幸福。

所謂的農家，長年以來都依照傳統的模式工作，像我這種過去當上班族的人，其實無法理解他們的工作習慣。哪一天是休假日，工作幾點開始、幾點結束，什麼時間休息，全部都沒有確切的規定，一切都根據前輩職人的經驗和直覺，視每一次的實際狀況而定。就連今天要做什麼工作，也是不到農地去看就不會知道。除此之外，對於務農新手的我來說，還有一大堆不能理解的事情。

這種情況不只限於佐佐木農場。無論是哪裡的農家，也都是如此走過來的，也可以說是農家的常識。一心渴望改善農業界的我和紗由美，討論過如何才能帶動農業成長，那時我不自覺地脫口說出這樣的話：「確實劃分作息時間，包括休假、下田、勞動、休息。當然，也要發放薪水。如果每天能開早會也不錯！」

在洞爺那個地方，這麼做簡直是劃時代之舉。儘管我一心一意要傳達這個想法，卻難以得到農業界的人認同。

就算如此，我還是堅持己見，將星期天定為休假日。「星期天休息的話，農家就要垮了。」父母親不同意地說道，依舊繼續每天下田。

看見父母親疲累的樣子，我真的希望能找到辦法，讓他們的身體多少獲得休息，可是他們卻在難得可以享受的休假日，繼續努力耕作。這麼一來，星期一我到農地時，就會對休息一天的自己感到厭惡，心情也變得低落。

這樣的惡性循環一直持續下去，兩代之間在想法上的隔閡愈來愈深，關係也愈來愈疏遠。

一開始，因為我們要繼承農場，岳父母歡天喜地、高喊萬萬歲，可是等我進門後，竟發現我事情做不好又滿口大話，他們應該會覺得一切都跟原本所想像的徹底不同吧！對我而言，又何嘗不是如此？我滿懷宏大的理想踏進了農業的世界，可是現實面卻與我的想像差距太大，我腦袋一片混亂，不知如何是好。

受年幼女兒拯救的苦惱日子

我漸漸變得意氣消沉，若有人前來教導，我就只會應付地說：「好的、好的。」做事情得過且過，不會被人嘮叨就好，對工作的熱情已經消磨殆盡。

自從那時候起，我就愈來愈沒辦法露出笑臉，也討厭跟人說話。就算有人跟我搭話，我也沉默不語。即使有意想要回話，字句卻吞吞吐吐地說不出來；若想換一下表情，就會不自主地顏面痙攣。

在紗由美產下長女、不在家的那段時期，這種狀態更是進一步惡化。我漸漸覺得自己是個格格不入的局外人，精神一步步地崩壞。

長女唯花對我而言是莫大的救贖。

當我恐慌發作、喉嚨發出怪聲時，女兒會過來緊緊摟住我。我一聽見女兒的聲音，神志就突然清醒了過來。印象最深刻的是，已經失去笑容的我，看著女兒試圖逗我笑，我便自然地流露出微笑。這時女兒會大呼：「爸爸笑了！」為我感到非常開心。

全家人一起吃飯的時候，我總會縮在角落，默默地動著筷子。那時候，女兒一定會到我身邊，然後再對著大家聊東聊西，為我緩和室內的氣氛，那對我而言真是莫大的幫助。我認為，那時的自己真是差勁到不行的父親。

在那樣的情況之下，二〇〇一年兒子大地出生了。對佐佐木家而言，這可是隔了好久才盼到的男孩子。岳父母非常歡喜。可是，就像女兒出生那段時期一樣，紗由美因為生產而不在家，孤單一人的我，整個精神狀態掉落到了最慘的低點。我就這樣在慘不忍睹的狀態下，渾渾噩噩、蒙頭閉眼地度過了一年、兩年、三年的時光，而且，我的心情還在頻頻往下掉。我們再也忍不下去了，於是跟父母親詳談，下定決心搬離洞爺。

就在那個時候發生了大事——大地突然搬去了天堂。那天，大地從托兒所活蹦亂跳地回到家後，只說了一句：「我有點累，早點去睡囉。」接著上床睡覺，從此就再也沒有醒過來了。那一天是二〇〇五年十一月十日。

那天，兒子大地驟然去世

我人生裡的大轉機，其中之一就是到洞爺開始從事農務。我帶著夢想與希望前來，但它們卻不堪一擊地被擊碎，我的精神也墜入最黑暗的深淵。在一九九七年至二〇〇五年的九年裡，苦難不曾停歇。

接下來的另一個轉機，就是大地搬家，而我也因此嘗到了難以言喻的痛苦和煎熬。我感覺到，大地的離開，彷彿讓我這九年來鬱積在心頭的負能量，一次爆發出來。大地創造了一個契機，讓阻塞許久的生命之河，再次流動起來。之後，每當流淌的水快要再次停滯，或者我又要迷失方向時，耳邊就傳來他的聲音——「爸爸，這邊、這邊」。我不由得去想，這似乎是大地在冥冥之中引導著我。

「假如，大地還健康地活著的話……」有時我也會這麼想。

如果還活著的話，我們就會搬離洞爺，在別的地方生活了吧；說不定就會過著幸福快樂的日子了；當然，也可能會過得更辛苦。雖然我不清楚那會是怎樣的一條路，可是能夠肯定的是，在別的地方生活，「感恩農法」就不會出現，也不會與我的生命發生關聯了。

大地突然離世，我們經過重新思考後，決定在洞爺這個地方再次挑戰傳統，要創造出理想的農業。就在這意想不到的時刻，感謝一切生命的「感恩農法」進入到我們的人生中，而孕育它的母親，就非大地莫屬了。

我的憂鬱症狀，被大地之死所帶來的震撼一掃而空。可是，摯愛的兒子離世，令我傷痛不已，一蹶不振。十一月時，與大地永別後，我整個人哭著度過冬天。洞爺嚴酷的冬天結束、開始飄散出春天的氣息時，我的眼淚也終於枯竭。然後，我抬起頭，視線遠離地面，突然之間，嶄新的景色映入了眼簾。

離世前一個月發生的事

大地是一個不可思議的孩子。

我們一起生活只有四年，他在搬家前，卻讓我留下了不可抹滅的印象。以現今的話來形容，就是一個靈性感應非常強烈的孩子。

記得有一回帶著大地到友人的家裡，走到玄關之後，他卻告訴我：「我不要進這個屋子！」

「為什麼？難得到這裡來玩了呢。」

我那時設法想讓大地進到屋裡去。結果他回答道：「那個角落，有個黑黑的叔叔很可怕。」

最後大地回到車上，根本不想再出來。當然，屋子的角落裡，什麼人也沒有。

另外還有這樣的事，發生在某年的冬天。

我跟大地一起在外面走著，身旁有一條潺流不息的河川。大地一邊走著，不由自主地一直盯著河裡看。

「怎麼了？」一問之下，大地回答：

「爸爸，這麼寒冷的天氣，為什麼人要待在河裡呢？」

當然，我沒有看到河裡有任何人。

到熟人家裡去玩的時候，大地也曾經突然蹲下來，然後開始說話。

「你在做什麼？」

「我在跟狗狗講話啊。」大地回答道。我當時根本連狗的影子都沒看到。

有的時候，大地會小心翼翼地，好像抱著什麼重要東西回到家來。

實際上，他懷裡空空的什麼也沒有，只是身體呈現抱著東西的模樣。

然後，他會這麼說：「這些花，是那個伯母給我的。」順著大地的視線所及之處，也沒有人在那裡。

可是，他好像可以看見，那位伯母正笑咪咪地盯著我們這邊瞧。

很奇怪吧。不過，我倒是聽說過，小孩子能夠看見幽靈或妖精。所以，是否每個兩、三歲的孩子都會像大地一樣，看到大人看不見的事物呢？或是大地有過人的敏感特質呢？

我無從得知答案，我能做的，只有靜靜地聽他述說而已。大地說話的神情非常認真，在當時那種氛圍下，實在容不下我強烈否定他。儘管我自己看不見、也聽不到那些異象，還是會盡量去接受大地說的所有事情。

如今回想起來，大地搬離家前的那一個月，每天全家都經歷了不可思議的事。會不會是他早已預知自己即將永別了呢？又或者說，他已經決定要離開我們了呢？那時發生了很多事，令我不得不這麼想。

那時剛好是採收牛蒡的時節，是一年裡最忙碌的時候。我跟紗由美事前已經決定好，一等牛蒡採收完畢，就會搬離洞爺。就在那時，發生了一件事。

有天我拖著疲憊的身體回到了家，大地就過來不斷叫著「爸爸」。

老實說，當時在體力和精神上，已經沒有餘力可以再跟孩子玩了。

「爸爸已經累了，下次再說吧。」雖然我這麼說，大地卻不讓我休息。

他拿著玩具走近，**「這個壞掉了，你幫我修。」**

隔天，大地拿著一片ＤＶＤ過來說：「我想看這個。」他告訴我，一天要看一片他最喜歡的戰隊，或者湯瑪士小火車。

「爸爸現在累了。」不管我說多少遍，他就是不放過我。平常的他，不是那樣執拗的小孩。大地一直都很乖、很聽話，只要對他說「我現在累了」，他馬上就會走開。

於是，我在沙發上一邊小睡，一邊陪大地一起看ＤＶＤ。這樣的日子持續了好一陣子。

「我想去見朋友，我現在好想好想見他。」有的時候，大地會大聲地這麼說。

「爸爸現在很累。」我用平時的藉口搪塞，但大地固執地聽不進去。於是，我開車載著大地到他朋友家去。

類似的情況在十一月八日之前陸續發生，而我不知說了多少遍「爸爸現在很累」當作藉口。

大地讓我把壞掉的玩具全部修理完，還把所有的DVD影片看過一遍，想見的人也全都見到了。然後，就在十一月十日，他離家遠行去了天邊。

事後我才意識到，修理玩具是他有意安排的。

到底有什麼用意呢？跟我吵著要修理玩具、看DVD，甚至嚷著要去見誰，全都是因為大地已經知道自己只剩下一個月的時間，而有意做出來的事，除此之外，我想不出其他的解釋。

另外，還發生過這樣的情況。大地一邊拿著他畫的圖給我們看，一邊說道：**「我的畫就放在這裡喔！想我的時候，就可以看這張畫。」**

當時，我們都聽不懂那是什麼意思。這是否表示，他已經替我們想好自己身後的事情？

他還說：**「別擔心，大地會守護大家的。」**

還有一件奇妙的事情。當時，農場的經營陷入困境，我們背了一大筆債，可是從來沒有跟兩個孩子提過。然而，大地卻做了一件有趣的事，他把圖畫紙剪成長方形，在上面寫個「一」，接著在後面寫上一排的「○」。他做了很多張綁成一捆，然後放進抽屜收好。

「我做了很多錢。這樣我們家就會變成有錢人了，不用擔心喔！」大地這麼說道。

難道是大地感覺到，爸爸和媽媽因為沒錢而煩惱，所以自己要想辦法幫忙嗎？也許是從我們的表情中感受到了什麼，所以才會說「不要擔心」吧。這是大地搬走前不久的事。

大地並不是因為生病而離開我們，他每天都蹦蹦跳跳、很有朝氣地去上托兒所。去世的那一天也幾乎沒有不同，跟平常一樣去上課，然後回到家來。

他說自己累了想睡，於是早早上床睡覺，之後過不到兩個小時，心跳便停止了，也就是所謂的猝死。怎麼可能在一個多月以前，他就預知到自己會離世呢？

然而，若非如此，那些周全的事前準備又該如何解釋？

雖然我覺得這一切非常不可思議，但是我懷疑，大地一定就是帶著那樣的人生設定出生的，知道自己命該如此。因此，他在一個月內完成所有該做的事，最後才與我們永別。

人為什麼會輕易說走就走？

我用「搬家」來形容大地的離世，旁人可能會覺得這個說法很奇怪。不過，我不禁想到，若是大地決定了自己的人生設定，所以才要離去，那我們哭天喊地、哀痛不已的樣子，對大地來說也許是一種困擾。即使大地已離我們遠去，我和妻子紗由美，以及大地的姊弟們，一直以來仍感覺到他的存在。

大地並非去了遙不可及的地方，而是一直都在我們身邊，為我們加油。從距離感來說，彷彿他只是搬走了而已，所以我們總會向他打招呼、聽他的聲音，同時繼續活下去。所以我們才說大地「搬走了」。不過，兒子去世，那種悲慟無以言喻，我與紗由美都痛苦至極、心情低落。

在哭累了、流乾眼淚之後，我嘗試回顧以前的事。細數過往種種，我發現到，其實從小時候開始，身邊就一直圍繞著跟「死亡」有關的事。

為什麼周遭親近的人，都一個個離開呢？難道是，為了讓我意識到「死亡」的存在，而有一股無以名狀的力量在運作著？那它的目的究竟為何？

最初接觸到死亡，是小學三年級或四年級的時候，有一位跟我要好的女生突然過世了。前一天我們還一起玩遊戲，隔天到了學校，我發現那個女生的桌子上擺了鮮花。我心裡覺得不安與疑惑，到底發生了什麼事呢？接下來，老師就以悲痛的語氣向全班解釋：「昨天，美和同學泡澡的時候，因為血管破裂，不幸過世了。」

「騙人！怎麼可能？」大家驚訝不已。這場意外當然令人震驚。因為她昨天還來上學，跟大家愉快地玩在一塊兒呢。

我去她的靈前守夜，那是我出生以來頭一遭看到往生者的臉。

我當時想——**「原來，人會輕易地死去。」**

第二次碰觸到死亡，是中學二年級的事。當時最要好的朋友得到了癌症，反反覆覆進出醫院好多次。出院後她回到學校，整個人瘦了一圈。我猜想，她也許活不久了。後來那女孩去世了，又再次證實了數年前我所感受到的事：「果然，人會輕易地死去。」

從那時候起，我就做好準備，任何時候死去都沒關係。為了在自己死後，不給身邊的人帶來困擾，我變成了一個懂得整理、安頓自己周遭一切事物的少年。

正值思春期的我，從朋友那兒借來了色情書籍。當時，把書全都看完後，我竟然還會想著：「今晚，如果我死了，枕頭旁又放著色情書籍的話，母親應該會非常難過吧。」於是，我就趁著當天晚上跑到垃圾集中處，把色情書籍丟掉了。明明是朋友的書，可是比起歸還的義務，我更擔心的是，假如死掉後被人發現在看這種書，那該怎麼辦。我真是不折不扣的怪咖少年吧。

與死亡面對面的經驗，之後仍然陸續出現。

上高中後，又再次遇到類似的狀況，好友因為自行車事故去世了。我因此確信了一件事——**「沒有人可以保證明天還會活著」**。

不止如此，念大學的時候，我失去了一位非常重要的人。對方是我在打工時認識的朋友，年紀比我大三歲。他念高中時，校園裡聚集了許多不良少年和無可救藥的壞學生，而他還被推舉成其中的老大，因此意氣風發，精力好得沒話說。

老實說，現在回想起來，那是一段奇妙的緣分，他當時剛好在務農。

「從事農業很讚呦。大學畢業後，就過來我這邊，一起下田工作吧。」

他如此熱情地邀我入行，我也被他鼓吹得很心動，因此回覆「一定會去的」，想從事農業的心也變得認真了起來。

那是我大學畢業前的事。

有一天，他到田裡工作時，意外被夾在卡車與曳引機之間，不幸身亡。我去到靈前守夜時，注視著他死後的臉，在心裡做了個決定。

「什麼時候死都沒關係，就好好把握今天吧！」

那段時期，我已經與紗由美在交往。一般年輕的情侶，都會有類似這樣的對話：「要永遠在一起喔」、「當然囉，我會和妳一起直到地老天荒」。

但是，我們卻不一樣。

如果紗由美說出「要永遠在一起喔」，我就會回答：「我不能答應你，因為我可能明天就死了也不一定。我不確定能不能永遠在一起。」

當時我可是很嚴肅、認真地看待這些想法。真是非常怪異的年輕人，是吧？而紗由美一路陪著我這個怪人走到現在，對此，我懷著無限感激的心情。

大地輕聲地說：「爸爸的使命就是……」

我不禁想，為什麼自己身邊總瀰漫著死亡氣息呢？最糟糕的是，連自己最寶貝的兒子也不幸過世。在此之前，我雖然接觸多次死亡事件，卻萬萬想不到自己也會遇上這樣的悲劇。

摯愛的人離世，自己也學習到很多人生的功課，我嘗試用這種方式讓自己接受現實。「真的夠了，我再也不想見到更多人死去了。」我在心中如此祈禱。不久後，紗由美的青梅竹馬、也是與我們同樣務農的年輕好友，竟然親手結束了自己的生命。

我自己的精神狀態已變得脆弱不堪，隨時死去也不意外，但每天還是苟延殘喘地活著，然而身旁的人卻一個個比我先辭世。看著友人死去的臉孔，我問自己：「怎麼會這樣？為什麼會發生這種事？」

我不認為答案會馬上顯現。但是，我無論如何都想知道解答是什麼，於是不斷抱頭苦思。

某次，有個答案冒了出來——**「啊！原來如此」**。

我突然體悟到，以結果來看，身邊的人去世，實際上與自己的人生課題有關。不過，我同樣也意識到事情並非如此簡單。我知道，自己經歷的一切，不是每個人都會碰上，所以我必須成為一個**能對他人有所幫助的人**。

重視的人相繼過世，不是每個人都需要經歷這種痛苦，若真是那樣，未免也太過悲慘了。至親、朋友及兒子的過世，讓我領悟到許多事。當我理解到自己的使命就是傳達這些事情時，簡直就像天啟般在心底引起了共鳴。

我彷彿聽到了大地傳來的訊息：

「爸爸的使命是……」感覺就像大地在我耳邊細聲說著。

「生命的意義到底是什麼？」

「該如何面對生命？」

「生命怎樣生生不息？」

我熱切地思索這些疑惑，而隨著思緒的牽引，我逐漸走向「感恩農法」。那時大地傳來的任務——**「要向他人傳播生命的領悟」**，在之後也陸陸續續實現，事情朝著連我們自己都預想不到的方向前進。

二〇一五年，我們的故事編成了音樂劇《大地》，後來甚至改編成電影紀錄片《大地花開》。音樂劇的製作人以發生時序為故事基礎，把我們的人生化為非常感人的一齣戲，包括先前談論到的農業上的理想衝突，大地在我覺得撐不下去的時刻搬走了、以及我受到啟發而催生「感恩農法」等等。我每一次都看得熱淚盈眶。

至於紀錄片的部分，主要內容則圍繞著何謂「感恩農法」以及它誕生的經過，還有大地如何支持著我們，再加入我與紗由美、農場員工、佐佐木農場相關人士的談話，我也是每看必痛哭流涕。這部紀錄片感人肺腑，道盡了我們的辛酸。最重要的是，它更把大地的想法傳遞了出去。

許多人來觀賞了我們的音樂劇和紀錄片，它成為一個契機，促使世人去思考生命為何。我們也收到許多令人開心的迴響，如**「大受感動」**、**「好想吃感恩蔬菜」**、**「改變了生活方式」**等等。最後，這些因緣帶來了出書的機會。

因為大地出生在我們家，才會帶來這樣的發展。大地搬家之後，我們的經驗和體悟變成了故事，逐漸傳遞給許許多多的人，這真是一件值得感激的事情。每當回憶起這段歲月，總覺得這些事都是大地親自促成的，否則我想不出其他解釋。

我猜想，一定是大地搬到了天國之後，想把我和紗由美當作工具，來完成他的使命。在執行任務的過程中，雖然有很多令我們驚慌失措的時候，心裡總想著：「為什麼？怎麼會這樣？」但是我們也認為，不用想太多，對於大地想做的事，坦然直接照著去做就好了。總結來說，我和紗由美也得以從中實踐自己的使命。

只不過，大地分派給我們的課題，有時嚴格、有時溫柔，是胡蘿蔔與棒子交替著靈活運用。他就這樣一步一步教導、指引著我們。

接下來要提到，大地如何鞭策我們完成任務。

在我發現「這是自己的天命！」那一瞬間，下個試煉就緊接著從天而降。紗由美病倒了，而且是相當嚴重的疾病，醫師甚至告知我們，腎臟嚴重衰敗，已達無藥可救的程度。

該如何運用彌足珍貴的生命？

那時是二〇〇八年的春天。紗由美的身體漸漸腫脹起來，簡直像卡通人物泡泡先生（Barbapapa）一樣，臉和身體都變得圓滾滾的。

醫師看診後，診斷她罹患了「腎病症候群」（Nephrotic syndrome）。此病的患者會透過尿液不正常排出大量蛋白質，體內積滿毒素，腹部及細胞因水分過多而腫脹。醫師清楚地表示，紗由美的病無法治癒，算是進入病危狀態，無法確定還能活多久。她體內積了三十公斤的腹水，人看起來像懷孕一般，心臟也可能無力負荷了。

醫師接著說道：

「判斷有多少餘命，意思就是保證能再活多久。如果醫師判斷病人還有兩年餘命，就表示至少還有兩年可以活。當然，也有很多人活得比醫師宣判的餘命更長久。但以紗由美的狀況來看，非常有可能撐不過今天，又或是還可能撐到明天。因此，我沒辦法宣告餘命有多長。」

受到如此嚴重的打擊，我們倆都驚慌不已。「連紗由美也要死了嗎？」就在那一刻，我嚎啕大哭了起來。

我在震驚之餘，思考了許多事情。自己有哪些地方做得還不夠呢？比起其他人，我經歷了更多生離死別，連親生兒子也失去了。在如此沉重的悲傷中，我下定決心要幫助他人，但我到底是哪裡還做得不夠？為什麼我連紗由美都要失去了？

即使精神上深受打擊，我卻同時也湧上一股不甘心的情緒，想要弄清楚，為什麼此時會發生這一切。大地正在向我們傳遞某種訊息，而我們必須好好接住，並給予回應。那就是我應該要做的事——不知從何時開始，這樣的想法逐漸在我腦中萌生。

我繼續思考紗由美生病的意義。

我試想：「大地想要告訴我些什麼呢？」

當我煩惱不已時，紗由美卻意外地平靜、淡定，也不再到醫院接受治療。既然無藥可醫，那不如乾脆放棄西醫的方法。於是她改用食療與按摩，但是紗由美好像也沒有認真想痊癒。

自從大地搬走了之後，紗由美就不斷想瞭解死後的世界，並大量閱讀靈性書籍。接著，她也開始練習冥想靜坐。

安靜閉上眼睛，觀看自己的內心，紗由美感覺到了大地的存在，大地也數次出現在她的夢裡。儘管肉體已消失，大地仍一直陪在紗由美的身邊。難怪，她一點也不怕死，也深深相信，只要還有尚未完成的事，自己就不會輕易死去。

某次冥想的時候，大地好像現身了。紗由美問大地：「我快死了嗎？」當時，大地清楚地回答道：**「不會死喔！」**紗由美如此描述這段經歷：

「大地已經搬走了三年。我這條命是他保住的，所以一定得想辦法好好運用。大地透過自己的死，教我認清許多事情。如果我現在就死了，那他的死就不值得了。」

看到紗由美用這種態度與疾病共處，我的內心大受撼動。在那個時刻，我深深感受到女性的堅強與韌性，以及身為生命孕育者的力量。

有時，從她虛弱的身形中所說出的話，會讓我嚇一跳，但也帶來莫大的啟發。

「我已經做好離世的準備。人什麼時候會走，誰也不知道。所以，就算明天會死也沒關係，我是用這樣的心情來度過每一刻。

「不過，我卻沒有決心要好好活下去。活著就是要把日子過好——我是不是少了這樣的決心呢？

「大地好像試圖叫我去做什麼。然而，我卻只有想著任何時候死去都沒關係，卻沒思考過要如何利用這難得的生命，不是嗎？」

那個瞬間我突然意識到，自己的內在存有兩種決心：死的決心與生的決心。看著紗由美與疾病共存，我常常心裡想著：「她真是厲害！」譬如說，當我談到，她不知何時會因為腎病症候群死去時，她說：

「我如果治好了，就要到處去演講，開導那些患有不治之症的人。全國這樣的人那麼多，我會有好幾天都不會在家，可以嗎？」

她說得很稀鬆平常，但我卻感到很頭痛。明明知道治療過程很辛苦，紗由美卻不把目標放在「痊癒」，而是一心只想著康復後得做哪些事情。一聽到她這麼說，我們一家大小也改變注意力，把治癒視為理所當然。我記得，家中的氣氛一下子變得開朗、輕鬆了起來。

我在這時察覺到，夢想或目標並不是真正的終點，那不過是路過的中途站而已；夢想達成了以後，要再繼續設定下一階段的目標，當作接下來的終點。我認為，至今紗由美仍然健康有活力地活著，全是因為她把治療疾病當作是單純的中途站，而不是終點。

由於紗由美的病情，我才能真正下定決心。重要的並不是隨時準備好迎接死亡，而是能一邊提醒自己，知道隨時會死去，而一**邊仍盡力活著，成為他人的助力**。

再回頭談紗由美的病情。經過七個月後的某個滿月之夜，那是大地忌日的隔天，紗由美一整個晚上小便不止。連續三天，一到晚上，紗由美就整個人待在廁所裡，體內累積的水分開始排出；隨著小便的排出，腫脹的現象也逐漸消失，體重減少了整整十公斤。一個月後的滿月之夜，又連續三天發生了同樣的事，然後體重再減輕十公斤，紗由美的腎臟似乎回到了正常的機能。

紗由美沒有吃過任何藥，除了診斷外再也沒去醫院回診，她只是做冥想和能量療法而已。據她所說，就在大地忌日的前一天，她嘗試進行冥想卻無法集中精神，只能一邊喊著「我做不到啊！大地」，一邊哭泣。但不管再怎麼傷心，眼淚就是流不出來。隔天起來，雖然眼皮腫得像《四谷怪談》的阿岩一樣，但還是捧著這張臉，跟著來訪的朋友一起大哭、大笑。

我感覺那時紗由美的心情是：「我一直覺得，人生無論如何都要努力。但現在，我再也沒辦法堅持下去了。我決心要放下一切，隨波逐流。」當她做出這個決定後，小便就排出了。究竟發生了什麼事呢？以前聽說過，人天生就擁有自癒力，但令人訝異的是，我竟親身感受到，紗由美的身體是真的有一股神奇力量在運作著。

我也察覺到，一直以來自己都努力過頭了。並非全心全意付出，就有辦法解決問題。有時也許需要張開雙臂，將自己的身體投入廣大的宇宙之中。我發現自己從紗由美身上學到了這件事。

紗由美身體的水分就這麼固定排出，五個月後，我們到醫院去接受檢查，想確認大致的狀況，醫師居然說，先前的病因是「誤診」。既然他都這麼說了，就表示紗由美確實戰勝了病魔，這應該是發生奇蹟了吧！

玩具手機響起的那一夜

大地搬走以後，很多東西好像開始會發出聲音。雖然有好事也有壞事，但是我認為，一幕幕上演的人生場景，都是為了讓我們走向更美好的道路。一旦大地發出指引，我們就一定能感受得到。

請容我再多談一些關於大地的事吧。

我在前面曾提到，大地生前就是個不可思議的孩子。事實上，在他搬走了之後，也發生過許多不可思議的事情。

接下來要描述的事，也許有人會覺得是靈異事件；也有人認為，我們是因為兒子死去打擊太大，腦袋變得不清楚，才會看見了幻象。不過對我們而言，那些事情確實發生過，其他人也體驗過，甚至我們夫婦倆在一起時也發生過，不能說完全不客觀。

要怎麼去解讀，就交給讀者自己全權判斷，但是我深信，大地藉由各種不可思議的現象，引領我們認識了「感恩農法」。

大地搬走之後，各地的朋友都曾看到他的身影，這樣的訊息從四面八方傳到我們耳裡。尤其是托兒所的朋友們，好像經常會看到大地。

譬如說，有個母親準備帶小孩去托兒所，車子當時正經過我們家前面。

「停一下！」那家的小孩喊道。

「看，大地站在他爸爸的旁邊。」那個孩子這樣跟他母親說。

類似的情況還有很多。而且，孩子所描述的畫面都很真實，不會有人認為是看錯或說謊。

「為什麼大地的頭髮那麼長啊？」也有小孩那麼說過。大地生前一直是理光頭的，但那個孩子看到的大地，頭髮卻很長。

紗由美聽到這番話後，驚訝得說不出話。她經常在夢裡見到大地，但他不是頂著和尚頭，而是留著娃娃頭。這樣的事我們聽到太多遍了，我們深深覺得，大地真的就在身邊啊！想到這一點，我們就開心不已。

出現在紗由美夢裡的大地，也跟媽媽說了很多話。

「大地現在在做什麼呢？」

對於紗由美的問題，大地是這麼回答的：

「不用擔心啦！我忙著做很多很多事呢。」

他似乎很忙碌呢！我們不禁為他感到高興。

有時，夢裡會出現長大成人後的大地。不可思議的是，在音樂劇《大地》中，過世的大地就是以成人模樣登場的。但這個夢境我們從不曾跟劇作家牧里香提過，為何在她筆下，大地會以大人的面貌登場呢？

或許是大地的安排吧……我不由得這樣認為。

後來，大地讓我們看到的景象令人震驚，聽到的人有一大半都不會相信吧。不過，應該不會錯，我跟紗由美都看見、聽到了那些異象，絕對不是幻影。

我們的農場完全轉型成自然農法，是二〇一三年之後事情，而當年沒有蔬菜可收成，佐佐木農場陷入前所未有的低潮，都快經營不下去了，哪還能顧及對自然農法的堅持。「果然是行不通的吧？要不要放棄？」我與紗由美徹底失望之際，如此感嘆。

「大地現在會怎麼想呢？」

我莫名其妙地脫口說出這句話。大地搬走了之後，我們下定決心，要再次嘗試經營農場。在大地的靈魂陪伴下，我們反覆試驗，終於走到自然農法這個領域。雖然心裡的直覺是，這麼做絕對不會錯，但是一看到現實的情況，就會不斷質疑，自己是否沒有正確解讀大地傳來的訊息。沒有蔬菜可收成，就沒有收入，自信也跟著動搖，整個人就好像快崩潰一樣。

就在那時——

「嘟嘟嘟」，我聽到有電器的聲音響起，卻一時想不起那是什麼東西發出的聲音。今日，大小家電都會發出聲音。但是，我周遭的物品都不會發出那樣的聲音。我仔細聽著，想找出那到底是什麼，原來聲音是從佛壇那邊傳出的。

讀者猜猜那是什麼？我當時可真嚇了一大跳。

那是大地以前很寶貝的玩具手機。

以前，大地非常喜歡電視影集《魔法戰隊》，總是把魔法連者變身時使用的「魔法手機」帶在身上。大地去世後，我怕哪天他可能會用這支手機打給我，所以有一陣子總是隨身帶著它。不過後來想想，再怎樣也不可能發生這種事，所以就把它擱在佛壇上了。

「這支手機果然會響誒！」

我對紗由美說道。我猜，當時自己說這句話時一定是顫抖個不停。

「怎麼可能呢？」

紗由美的聲音也顫抖著。因為是玩具，照理說應該沒有通話功能。

然而，就在我們的眼前，那支手機再次響了。

「嘟嘟嘟……」

我們既開心、又覺得幾驚嚇。那是一種說不出來的心情。

「喂、喂。」

我接起了電話。

「喂、喂，是大地嗎？」

當然，另一頭並沒有傳來大地的聲音。大半夜在佛壇前，對著玩具手機講話……我倆的模樣實在太滑稽了，於是面對面大笑了起來，然後一邊抱著彼此，一邊不停地哭出聲。我們深切地明白大地想要說的話。

「不要緊呦！繼續努力哦！」

大地對我們這麼說。

在那支手機響起之後，我們接二連三地遇到願意支持農場的人，自然農法所生產的蔬菜也愈來愈多。我們開始有能力讓更多人開心享用自然的產物。

那次玩具手機響起，到底代表什麼意義呢？若沒有那件事，我們應該早就放棄自然農法，當然也不會發現「感恩農法」。那個手機聲響，就算是夢、是幻覺，也發揮了關鍵作用啊！

在我們從谷底一路往上爬的過程當中，大地的靈魂陪伴無比重要。當我們煩惱與困惑時，他會提供協助與支持，並守護、引導著我們。在手機響起的那天後，就不再發生過任何靈異現象，但是我們在生活的過程中，一直感覺到大地就在身邊。

稍後，我就會談到**「感恩農法」**的故事。我不由得會想，那是大地在我們看不到的世界裡穿針引線，教我們一步步去完成。

即使是現在，仍有很多辛酸、苦澀的事。但如同前頭寫到了，我已經大大改變，可以笑著面對一切了。不管面對什麼事，我都能以「感恩」回應。大地啊，爸爸和媽媽會努力的，今後也請多多關照喔。

謝謝你，大地。

第二章

三十六萬遍的「感恩」喚來了奇蹟

大地がよろこぶ

「ありがとう」の奇跡

那段日子，我總在深思生命意義何在

二〇〇五年十一月大地意外搬走後的那一個月，我像個空殼子那樣活著。天氣有多冷、雪下了多少、自己做了什麼，完完全全想不起來；狀況嚴重的時候，連自己是站著或坐著都不知道，進食或喝東西時也沒有意識。眼睛也無法睜開，宛如行屍走肉一般。

不過，人類這種生物，無法永遠維持在空殼子的狀態。就像紗由美患上不治之症時，是靠著天生的自癒能力得救。同樣地，即使我變得那麼軟弱無力，自癒力仍在運作著，一點一滴地把元氣重新注入我的身體。

有一天，我恢復了神志，頭腦突然清醒了。

接著，不可思議地，我突然有了這樣的想法：

「我自己是怎麼看待生命的呢？」

來到洞爺已有十年，承受著各種苦難與打擊，一邊仍努力務農。在重重壓力的累積下，我的精神狀態搖搖欲墜。原本就已經陷入谷底的我，又碰上大地意外搬走，更加一蹶不振。可能因為如此，我的思緒陷入了「活著」、「死去」、「生命」這些議題之中，會深思「生命是什麼？」，也是自然而然的事。

我開始思考：「以前，我每天用殺蟲劑殺死蟲子，用殺菌劑殺死微生物，用除草劑使雜草枯萎，一點都不在乎這些生命。但奇怪的是，四歲兒子這條生命的驟逝卻令我痛苦不堪，一蹶不振。」一般來說，沒人會把孩子的生命跟蟲子、微生物和雜草相提並論。不過，追根究柢一想，就會發現人類和蟲子同樣都是生命；即使是小蟲，也有父母。把殺死蟲子視為理所當然的我，從沒有想到牠的家人，甚至不會想到牠也有「生命」。我用機器灑農藥以防治病蟲害，過程中沒有一絲一毫感情的牽絆。

我認為，人是因為自私的想法才會這麼做，同時也發現了自我矛盾之處。那個冬天，我一直不停地深思**「生命究竟為何？」**這個問題。

春天來了，農地的工作跟著展開。上一代的主人（也就是我的岳父母）明確指示說：「蟲子很快就會來了，先灑農藥吧。」我到農藥儲藏室去，拿出殺蟲劑的瓶子。在那一刻，我突然想到——

「用一瓶這種農藥，會奪走多少生命呢？」

那個瞬間，我的手顫抖了起來，再也握不住瓶子。

「我做不到。我再也不能奪走蟲子的生命了。」

我把農藥瓶子放回架子，走出儲藏室。雖然有噴灑農藥的機器，但是我只在裡面裝了水，在農地裡來回噴灑。

不灑任何殺蟲劑、除草劑、殺菌劑，讓農地變得雜亂無章。許許多多蟲子嗡嗡地飛來飛去，雜草也到處叢生，農作物一一感染病害。

這種情形提醒了我，農藥真是非常厲害的東西。小小的一瓶，竟然能讓無數的小蟲、雜草及微生物消失不見，等於可以控制生命。使用農藥和不使用農藥的農地，完全是不同的兩個世界。一般農家要是看到了我家當時的農地，應該會暈倒吧。然而，我卻莫名其妙地開心得不得了。

小蟲子、雜草、病原菌等等，在我家的農地裡生氣勃勃地活著。去除人類的控制後，大地竟能展現這麼強的生命力，滿是小蟲、雜草、病原菌的農地令我深深著迷。

「我沒有剝奪這些生命的權力。」

我高興地眺望整片農地。

讀者會覺得這樣的舉動很奇怪或是哪裡不對勁嗎？

其實一點都不奇怪，而且還很有道理。

從一般農家的眼光看來，會認為我根本是亂搞一通。然而，當我慢慢觀察這亂無章法的農地時，就漸漸有各式各樣的發現；對於「生命為何」的這個問題，也找出了答案。

我感到很開心、很高興。

而那些在他人眼中的異常行動，則帶著我去發現「感恩農法」。所以說，世間的事，很難判定什麼是正常、什麼是異常的。

三十六萬遍的「感恩」喚來了奇蹟

接著要談到，為什麼「感恩」會與我的人生有關。事實上，這也是因緣際會所促成的。

大地去世時，他的產婆在守夜那晚前來，當初可是她為我們把大地迎接到人間。她的靈性感受力很強，所以在大地遺體前雙手合十時，好像感受到了什麼。

「他過世時很安詳呦。」產婆的這一句話對我們而言真是莫大的救贖。

產婆看我極度落魄的樣子，非常擔心，之後送了我十來本書。那些是小林正觀先生的著作，他是許多人口中的「正觀先生」，也是深受愛戴的作家。很多人因為聽他的話、讀他的書，並且身體力行之後，工作變得順利、身體變得健康，因此人氣相當高。

那段時期的我，根本提不起力氣好好看書。但是，產婆一心希望我多少能恢復點元氣，這番溫暖好意，著實讓人感激。心情還過得去的時候，我就一次讀一點。有時在某個瞬間，只有數行字的某些段落會猛然打動我的心。那短短幾行字，便為我的人生帶來巨大的改變。

字裡行間，正觀先生描述了**「感恩的奇蹟」**這樣的概念。

書上寫道，說兩萬五千次的「感恩」，願望就會實現；更往上增加，說上五萬遍就會有奇蹟顯現。另外，書裡還寫道，如果說「感恩」的次數多達年齡的一萬倍，在家人身上就會發生奇蹟。看到**「家人身上就會發生奇蹟」**這句話，深深地吸引了我。

「身邊再也不會有誰去世，那就是奇蹟。只要說出『感恩』，就不會有人離去的話，我就會照做。」雖然說不出理由、也不清楚狀況，但總之我決定要秉持這樣的想法去做。

整個冬天，我一直處在悲傷之中，不斷思考著「生命究竟是什麼？」。但在春天來臨時，我已經開始學著說「感恩」。

那時的我正好三十六歲。我下定決心，要說出年齡的一萬倍，也就是三十六萬遍的「感恩」，讓奇蹟降臨在家人身上。

我到文具店買了一個計數器回來。然後，每說一次「感恩」就喀嚓地按下一次，朝著遙遠的三十六萬遍目標邁進。

不過，書中提到一項嚴格的規定，那就是每說完一次「感恩」之後，在下一次說「感恩」之前，如果不小心發牢騷，表達不悅或不滿，講出難聽或抱怨的話，老天爺就會提醒你，叫你歸零重新算起。但是，神明是慈悲的，就算你一時衝動，在心裡抱怨、發牢騷或忿忿不平，甚至說出了口，只要在三秒以內取消，當作「剛才說的不算」，就能延續前面的次數，繼續計數下去。

我坐在曳引機裡，一手拿著計數器，一邊不斷說著「感恩」。

我嚴格地執行這件事，這可是關係到全家人的奇蹟，所以不敢馬虎。不只是發牢騷和抱怨，連「肚子好餓噢」這樣的想法，我也會當作犯規而取消累計；即使已經數到一萬次、兩萬次，也會歸零再從頭開始。

如此謹慎地一路進行下去，我終於達成三十六萬遍的感恩。但把取消歸零的次數算進去的話，應該超過一百萬遍了吧。

那麼，後來到底發生了什麼樣的奇蹟呢？

「這個奇蹟會發生在家人身上」，所以我在回家的路上充滿這樣的期待，太太可能會變得非常溫柔，或孩子會變得非常乖巧。

結果回到家一看，「怎麼會這樣？」太太跟孩子還是一樣沒變。與昨日一樣的光景，今日也依然呈現在我面前，什麼變化也沒有發生，看不到任何奇蹟的蛛絲馬跡。

然而事實上，奇蹟已經出現了。

因為在我自身的意識當中，對家人的看法已經改變了。

「今天，家人依然健在。感恩啊！」

我的心底似乎湧上了一股感謝的情懷。不斷說出「感恩」，並不會改變家人，而是**轉化了自己**。

我整個人足足有五年的時間處於憂鬱狀態之中，幾乎不曾說出「感謝」二字。即使女兒為我做點什麼，我也沒說過一句道謝的話。一整天下來，可能連一次都沒說過。本來以為很簡單，只要說「感恩」就好，買了計數器後才發現，要達成一千次其實超級困難。儘管「感恩」的起頭那麼難，但一開始實踐之後，還是千辛萬苦達成了。看到自己完全變了個人，就連我也驚訝不已。

有最棒的家人才有這般體悟

其實，雖然我自己沒有注意到，但是「感恩」已經在各個層面發揮影響力了。我首先突然想到的是曳引機。我總是一邊駕駛曳引機、一邊說著「感恩」，因此它也應該為我感到開心吧！那時，我根本想像不到農耕機也聽得懂「感恩」。

因為說出了「感恩」，所以曳引機的運作狀況變得非常良好。以前機器經常故障，有時在農田的正中央爆胎、陷入泥濘動彈不得、機油用光、引擎燒壞等等，曳引機的修理費用因此貴得驚人。

但自從開始說出「感恩」後，曳引機的問題就漸漸消失了。以前曳引機駛過農地時，若土裡有塊大石頭，就會捲入機器裡，造成鏈條斷裂。然而，開始說「感恩」後，就算石頭捲入機器，發出「咯噔咯噔」卡住的聲音，石頭也會突然彈出機外，鏈條也完好無缺。

曳引機無緣無故地變得耐用又耐操，難道機器也有心靈嗎？它也許能理解我說的「感恩」吧！儘管不可思議，那樣的事卻在現實生活裡發生了。請你一定要試試看，對著電腦和汽車說「感恩」，因為這些機器為我們工作、載我們到各地，無時無刻不為我們運轉著。假如它們是人，我們就會說聲「感恩」或表示感謝之意，但因為世人總是認為，就算說了機械也聽不懂，所以不會對它們表達任何感情。即使是機械，聽到有人說「感謝」，也會感到欣喜，運作情況會變得更好，請你務必要親自試看看。

墜入深淵谷底的我，也因為繼續說出「感恩」而變得愈來愈有精神。在此之前，精神陷入低迷的狀態，稍微活動一下就會感覺非常疲憊，只能趕快躺下來。那樣的狀態消失了，我感覺到，有股活力從體內湧了上來。還有一次全家都得了感冒，唯獨我一個人還身強體壯。

我漸漸體悟到，原來，我身邊就有數不完的奇蹟，疊起來像山那麼高。此後，說「感恩」這件事變得令人開心又快樂。無論看到什麼、發生什麼事，我都已經習慣脫口說出「感恩」了。

對寶特瓶說「感恩」、對時鐘說「感恩」，每次說一聲「感恩」，自己的心情就變得愈來愈好。

面對紗由美也好、面對孩子也好，我都有說不出的感激與謝意。

早晨，看到全家人起床，人生就是滿分一百分，我心裡會想著：「啊，奇蹟發生了！」聽到家人跟我說：「早安！」那人生分數就有一百二十分了。他們用燦爛的笑臉面對我，就是一百五十分。他們出門時，活力十足地喊著：「我走囉！」就翻倍變成兩百分了。即使他們發牢騷說「今天發生了不愉快的事」，也要加個二十分。分數可以不斷增加，幸福指數也一直上升。

學校舉辦家長座談會的時候，老師出於教育的責任感，總是會對我這樣說：「孩子若是這裡再進步一點，就會更好了呦。」但是我的回應總是千篇一律，老師也只能報以苦笑。

「我家的小孩，只要健康活著，就是滿分一百分了呀！」

不斷說著「感恩」，我打從心底慢慢發現，不斷說著「感恩」，自己對家人的抱怨和不滿也會跟著消失不見了。除此之外，我更認為他們是最棒的家人。

我是真心這麼想，所以一直說「感恩」，後來，家人對待彼此的態度，也漸漸變得跟我的想法一樣。所以我們全家人一致認為，彼此是最棒的家人。這就是在家人身上降臨的奇蹟，絕對錯不了。

所謂「感恩」的奇蹟，並非妻子會變溫柔、孩子會變懂事、或是丈夫的收入會增加，也不是生活環境會有改善。雖然生活依舊如常，但我們的感受方式、觀察角度卻已大大改變，開始注意到過去不曾留意的幸福之處。

然後，當自己的心境改變了，接下來情況就會跟著改變。不僅妻子變得體貼，孩子也會虛心受教，工作進行得更順利，許多好事一一到來。而這一切的基石，其實就是取決於我們自己的**心態及看待事物的觀點**。

「為什麼不會腐爛？」，令人不可思議的萵苣

在持續說著「感恩」的日子裡，不僅僅是家人，身邊所有生命都變得親切、可愛了起來，用言語也無法形容。不僅是對田裡栽種的萵苣、高麗菜、紅蘿蔔、馬鈴薯等農作物，甚至對路邊生長的雜草，我都會產生親切感：**「你也在努力求生存、**

散發著生命珍貴的光輝呢！感謝你。」對於蟲子也是這種態度。即便眼睛無法看到，但是一想到土裡有許許多多微生物活著，就不由自主地想要說聲「感恩」。

產生了這樣的心境之後，就更沒辦法使用農藥，只會施以少量的肥料，收成就不會增加，農場的經營當然也就更加艱苦。話雖如此，但我卻也無法回頭用以前的方式務農了。把小生命歸類為害蟲、雜草，將它們置之於死地，已經不再是我想做的事了。

在大地搬走之後，上一代的農場主人試著想理解我的做法，可是老實說，他們心裡應該感到相當困惑吧。紗由美也經常問我：「阿貴，你到底想做什麼？」

「**我不清楚自己到底想做什麼，可是，至少我不想殺死眼前的生命，因為那跟大地的生命是一樣的。**」每一次我都用同樣的理由回答。

「我瞭解那個道理，但要怎麼才能維持農作物的生長呢？」

每次紗由美提出這個問題，我就回答不出來，因為我試的各種方法都失敗了。

不過從失敗當中，我學到了許多經驗，足以建立起日後「感恩農法」的基礎。我將之稱為「五大原則」，而在下一章會加以詳細說明。

況且，雖然有許多失敗的過程，我也感受到農地給我的正面回饋。被蟲子啃食、生病的蔬菜很多，但順利生長到成熟收穫期的蔬菜，卻會閃閃發光。而且，吃起來的味道就是不一樣，滿溢著生命力。

「佐佐木農場的蔬菜有點不一樣噢。」農會那邊傳來這樣的風評。

農會對各個農家會以編號管理，我們家是四四一六號。有一次，承辦人員質疑我們的產品：「超市那邊有人報告說，四四一六號的萵苣放得再久都不會腐爛。你們是不是使用了藥效超過規定的農藥，請提出生產履歷。」

真是令人困擾。我們的農場根本沒有使用任何農藥，於是只好提出一張白紙交件。「什麼？一點農藥都沒有灑是嗎？」農會的承辦人員似乎感到不可思議。

有段時間，大雨連日滂沱，各地的萵苣都泡爛了無法出貨，那時只有我們家有採收，可以出貨。乾旱導致萵苣枯死的時候，也只有我們家運氣好，能夠出貨。為什麼大家都沒有收成時，我們卻可以出貨？每個長期栽種蔬菜的農家都感到莫名其妙。

「請拿出生產履歷。」

雖然他們再次這樣要求，我們卻還是只能提供白紙而已。

給承辦部門帶來這麼多麻煩，在考量之後，我決定退出農會。因為只要加入組織，就得遵守規定，在一定期間內，按規定使用定量的農藥和肥料。

別開玩笑了，我不可能一邊使用農藥，一邊對蔬菜、小蟲、微生物說出「感恩」吧，那不是太詭異了嗎？

「感恩蔬菜」終於獲得認可

不過，以現實情況來看，如果種的菜無法透過農會出貨，就等於沒有了販售的管道，這就是現代農業的現況。可以在哪裡販售，攸關我家農場的死活。

可是，躲起來抱著頭說「傷腦筋、傷腦筋」，也是無濟於事。面對這樣的難題，我仍照常說「感恩」。我嘗試去理解，不順利的事情會發生，應該是為了讓下一個好事降臨。而我唯一能做的，就是從自己辦得到的事情開始做起。

如果用蔬菜的心情來思考的話，與其不知道會被運往什麼地方，自己應該會想去一個受歡迎的地方吧，我漸漸有了這樣的想法。

我打算自己去找尋，有哪些廠商會開心接受我家農場栽種的蔬菜，於是開始跑起業務。我逐一拜訪札幌那些只採購好食材的蔬果行及餐廳，與老闆和主廚見面，誠摯地講述自己的想法。

「我想要栽種生命力強的蔬菜。」

「食物造就生命，我要把生命力送給大家。」

但是，無論怎麼解釋都難以獲得對方接納。我隻字未提自己的「感恩心法」，就算強調沒有灑農藥，但我還是有使用肥料，因此少了令人印象深刻的亮點。當然，即使說出「感恩心法」，也只會讓人更誤以為是「怪怪的傢伙」吧。

跑了好多間店面，卻得不到任何好的反應。傍晚，在關店之際，我走進了一家精美的蔬果行，當時心裡想，要是這家也拒絕的話我就打道回府。

恰巧老闆在店裡，就聽我細說源頭。我卯盡全力說明蔬菜的生命力和我對於生命的觀點。聽完之後，對方如此回應：**「你講的事情很有意思諒，我想吃吃看你家種的高麗菜呢！」**

所謂絕處逢生，原來就是這麼一回事啊。我開心得幾乎要跳起來，一回到洞爺後，立刻把高麗菜、大白菜和牛蒡送過去。

「嘗過之後，會有什麼感受呢？」

我像等待成績公布的孩子一樣，心臟撲通撲通地跳個不停。儘管有自信，但在對方回應之前，還是免不了擔心。沒多久，就收到非常令人欣慰的回應。

「我經營蔬果行幾十年了，從來沒吃過這麼美味的蔬菜。總之，好滋味是最重要的。食材要特別講究就是美味，生產者專精在這方面就夠了。好吃為優先。」

真是太令人開心了！我一連說了好多次「感恩」。先前東奔西跑一直被拒絕，到了走投無路的時候，竟然能遇見這麼棒的蔬果行，說來也是一件奇蹟啊。透過這段過程我才知道，不透過農會、自己直接販售有多麼辛苦。儘管如此，我也親身體會到，不輕易放棄，勇敢去闖，天就不會絕人之路。

老闆還更進一步幫我們宣傳，把蔬菜推薦給自己合作的餐廳。承蒙這家蔬果行對佐佐木農場的厚愛，訂單一張接一著一張出現。

有高山就有低谷，有退潮就也會有漲潮，那應當就是自然的天理。

不過，在這個時期，我仍尚未對任何人提及「感恩心法」。

第一個聽到的人是奧芝洋介社長，他的奧芝商店以湯咖哩的料理著名。他也曾經商失敗，打算放棄創業這條路，最後在背水一戰的心情下，創立了湯咖哩餐飲店。當第一家店鋪經營有成時，他便理解到，要延續這樣的成功模式，就必須重視食材。所以他就駕著小發財車，跑遍北海道各地去造訪農家。

由於我們有共同的朋友，奧芝先生也來到佐佐木農場拜訪。我們兩人相談甚歡，白天一起下田工作，晚上針對食物、生命、農業等方面的想法互相交流。兩人聊得越多情緒就越激動，一邊流著眼淚一邊談。我想，旁人看到這個場景，肯定會覺得非常奇怪。

他好奇問道：

「這裡的蔬菜一定藏著什麼祕密，請你老實告訴我。」

我平淡地回答：「沒有什麼祕密。」他的表情顯露出一絲不滿，但當我問及：

「那你會買我們的高麗菜嗎?」他卻這麼回答道:

「貴仁兄在做的事情,是好是壞,還是有獨門訣竅,我並不曉得。不過,我要買的不是高麗菜,而是**貴仁兄你的理念啊!**」

這句話把我震懾住了,那可不是一件容易啟齒的事。眼前這位人士是個堂堂的男子漢,很討人喜歡。我確信這樣的男人一定會成功。

在那以後,奧芝商店就一直門庭若市。其關鍵就在於,社長找遍整個北海道去選購好的食材,與農家建立起可靠的合作關係,並將對方的理念張貼在店面當作賣點,以牢牢抓住顧客的心。當然,店內的湯咖哩非常好吃,自是不在話下。

與奧芝社長第二次見面的時候,他又再次向我詢問:

「你一定有什麼祕訣,希望你能告訴我。」

我相信他一定能夠理解我的做法,於是毅然決然地把祕訣說了出來。

「其實,祕訣就是對蔬菜說『感恩』罷了。」

我話一說完，他竟然激動地大叫一聲：「就是這個！」他回到札幌後，就向周邊的人傳達這個訊息。

從此，佐佐木農場的名聲就爆炸性地向各地傳開。

「請給我感恩牛蒡。」

「請給我感恩高麗菜。」

我們收到了好多訂單。其實，我從來沒有幫蔬菜取名，那是客人們突發奇想發明的，還幫我四處宣傳，真是感激不盡。

二〇一八年北海道地震那年，我與協助災民工作的執行長見面。我向他提到：「我就是栽種感恩蔬菜的那個人。」對方馬上回應道：「那麼阿貴做的事情就是『感恩農法』了。」這就是「感恩農法」名稱的由來。

「感恩農法」是一種生命哲學，其內涵就是感謝一切生命、珍惜一切生命。將有生命的生物視為同等生命，感謝其存在，共同在這塊大地上繼續生活下去。

說了三十六萬遍「感恩」而得到的領悟

為什麼說很多很多遍的「感恩」就會有奇蹟發生呢？我並不曉得其中真正的理由。我體會到的是，只要說出上百遍、上千遍的「感恩」，心意受到語言的牽引，感謝的情懷自然就會湧現出來。

一開始，我抱持著拯救與守護家人的想法，以虔誠的心不斷說出「感恩」，下定決心要達到三十六萬遍，還因此買了計數器。駕駛曳引機時，一手操作著方向盤，一手握著計數器，每說一次「感恩」就卡嚓按一次。後來我已能全心全意地說「感恩」，幾乎專注到忘記要按計數器。

雖然我設定的目標是三十六萬遍，但就算沒有達成，到了某個階段，我想應該就會有所變化了吧。

起初，我像念佛一樣地唱誦「感恩」，一次又一次地重複之後，我在不知不覺中開始找尋感謝的對象。譬如說，感謝有人為我煮飯、泡茶、準備熱水澡等，光是把別人幫我做好的事情列入感謝對象，一天下來應該也有一百件了吧。當我想要在一天內說上一千遍或者一萬遍「感恩」，就會無意識地拚命找出可以感謝的對象。所以我才會漸漸對寶特瓶、原子筆以及身邊各式各樣的物品表示感謝。

踏進農地一看到萵苣、高麗菜、洋蔥，它們全部都是值得感激的生命。這樣加總起來還是不夠，於是我也把小蟲、微生物列入「感恩」的對象。

無論是什麼都可以「感謝」喔。過去有段時期心情惡劣，自己常常說出「混蛋」、「白痴」這些罵人的話，但現在幾乎已經再也不會去想這樣負面的事情，心中充滿了歡喜。現在每天要是沒有對一切的人事物說「感恩」，我的心情就會變得很糟。我簡直就是中了「感恩」的毒啊！

農地裡若有萵苣腐爛了，我會一直盯著它看，這樣自然會想要說出「感恩」。對於其他蔬菜、黴菌皆是同樣的心情，連對著病原菌也會產生「感恩」之心。

那種情況下，我突然有機會領悟到很重要的道理：

「生命當中，可分為看得見的生命，與看不見的生命。」

想到這一點，我就會充滿憐惜地看著腐爛的萵苣。

那句話的意思就是，萵苣、高麗菜及蟲子都是看得見的生命，而病原菌及黴菌就是眼睛看不見的。我也明白，正因為萵苣生病、腐爛了，更加證明原本看不見的病原菌及黴菌，是真實地活在我們眼前。

「看見了原本看不見的生命！」

想到這一點，我內心雀躍了起來。慢慢地，我也能夠抱持著感謝之心，去面對病原菌及黴菌。透過腐爛的萵苣，我們才得以看見這些看不見的生命。

我想，如果沒有說滿三十六萬遍的「感恩」，那樣的領悟絕不會從我腦海的某個角落浮現。在我們生命周遭，有無數的事物要去感謝，只是平時沒有意識到而已。可惜的是，我們時常口出惡言、發牢騷、抱怨，壞了自己的心情。

我兒子大地的靈魂突然搬家，身影從此在我們眼前消失不見了。不過，那並非表示大地已經不存在，只是**從原本看得見的生命變成看不見的生命**罷了。大地的生命至今依然存在，只是看不見而已。

蔄苣腐爛了，我們得以知道病原菌這類看不見生命的存在。觀察農作物茁壯地生長，就能感覺到如微生物這類看不見的生命寄生於土壤之中。同理，既然我們感受得到大地的生命之存在，那麼在我們四周，應該到處都有看得見的生命，而我想要大量地去發掘。

我們已經看不見大地，但「感恩農法」是他送的贈禮，好讓我們看得見其他生命。珍惜這份禮物，就等於好好珍愛大地的生命。

當我們被絆倒、快要跌地的時候，大地將自己看不見的生命變成禮物，送到我們面前，讓我們打開新的生命視野。我心存感激地收下這份厚禮，一步步地將它發展成「感恩農法」，一直持續到現在。

下一章，我將提到大地、自然界及農作物教導我的五大原則。它們可以運用在農業上，當成一種生命哲學或是觀察事物的新視野，也非常有助益。

第三章

大地教會我的「五大原則」

大地がよろこぶ

「ありがとう」の奇跡

將困境變成幸福之地的如意寶槌

佐佐木農場自二〇一三年起全面改用自然無毒農法，但營運狀況卻跌到谷底，碰上前所未有的困境。

回想起來，我在一九九七年來到洞爺，一九九九年左右開始陷入憂鬱狀態。到了二〇〇〇年，我的人際關係愈來愈糟，農場的經營也持續惡化。

二〇〇五年由於大地突然搬走，我開始不斷練習「感恩心法」。旁人看起來也許覺得奇怪，但無論遇到多麼悲慘的狀況，正因為有「感恩」為基礎，我心裡便感到非常安定，而且充滿了無限的正面能量。

即使農場營運面臨最糟的情況，但我相信在某處仍有一線希望。當時以為再也撐不下去了，佛壇上放著的玩具手機卻意外響起，對我們夫妻倆造成極大的衝擊。我們認為，那是大地在說「別擔心」，因此獲得勇氣，再次投入自然農耕的工作。

從那時候起，各種好事因緣際會地接連發生，營運情況也連帶地緩緩向上爬升。

實踐「感恩農法」以後，還是會碰上許許多多的失敗情況。即使說了再多遍的「感恩」，也會有不如意之時。不過，與之前面臨困境時的反應大不相同，我後來遇到挫折時，不會再輕言放棄，反而會從失敗經驗中獲得各種體悟，包括一把讓困境變成幸福之地的如意寶槌。而構成此法寶的成分，就是我接下來要描述的**五大原則**。

這些原則絕不是我自己創造出來的，全部是大自然、農地、蔬菜，以及我兒子大地教我的。我不過是把這些理念變成容易理解的內容，轉述給各位。我希望每個人都能夠力行「感恩農法」這種生活方式，繼而生活在幸福之中。在這樣的起心動念下，我現在很幸運地能在日本全國，藉由**「大地的學校」**的活動，向世人介紹這「五大原則」。

「五大原則」之一——「認同生命力」

接下來要介紹五大原則，請容我按照學到的順序一一說明。希望身為讀者的你能一直讀到最後，然後請你自己決定，要從哪一個原則開始練習。每個人都有擅長跟不擅長的項目，從哪一個開始都沒有關係。

第一個原則是**「認同生命力」**。

「何謂生命？」

「人活著的目的是什麼？」

大地搬走了之後，我不停地思考這些問題。

為了瞭解生命的意義，我做了一點實驗。

請舉起右手，這應該不難；請舉起左手，這也做得到。

那麼，請讓你的心臟停止跳動。

有人能做到嗎？沒有，對吧？

接下來，請在瞬間消化完你吃下的東西。這也辦不到，對吧？

我們通常以為，活著全靠自己的個人意志，然而有許多身體功能，無論怎麼運用意志也控制不了。心臟總是為我們而跳動著，胃腸會幫我們消化吃下的食物，血液會自行循環。

那麼，思考呢？很多人認為，無論如何，我們都可以控制自己的思想與念頭。

那麼來實驗一下。

閉上眼睛一分鐘，請試著停止思考，請你什麼都不要想。

你辦到了嗎？腦袋還是會任性地想東想西吧。

事實上，連思考都不是我們能左右的。

說到底，自己的生命是誰在掌控呢？無法運用自己的意志力啟動或停止的功能，多不勝數。看起來似乎是自己可操縱，但實際上並非如此。這就是生命。

人類的身體大約由三十七兆個細胞建構而成，各個細胞徹底履行自己的職責，壽命一到就會消失，然後又有新的細胞誕生。

據說，大小腸內存有數量相當龐大的細菌，足足有一百兆個，不過寄生其中的生物都「不是你」。假如你認為身體完全屬於你個人所有，應該會想告訴這些細菌：「不要自作主張住在我身體裡。」

「沒有付房租，就不要擅自寄住。」如果抱持這個想法，把那些細胞都趕出去的話，會發生什麼事呢？我們當然也會活不下去。腸道細菌負責維持人體各項機能，包括消化、免疫，維生素及荷爾蒙的生成也都要靠它們。腸道細胞無時無刻不在支持著我們的生命呢！

不吃東西，就活不下去。可是，要吃什麼呢？米飯、蔬菜、肉類……這些全都是來自於生命的產物。如果不吃其他生命的話，我們根本沒辦法存活。

我們無法只靠自己在這世上存活，而是得仰賴其他生命；**正是有眾多生命的支**

持，我們才能擁有生命力。它們真的非常偉大，非常了不起。

重點在於，若能認同這項事實，就能愈來愈尊重和感謝自己以外的生命，繼而找出共存共榮的生活之道。

「五大原則」之二——「感受能量」

第二個原則就是**「感受能量」**。一講到能量，大家腦海中可能會馬上浮現核能或火力，但其實人類也是靠著能量活著。生命的能量，東方人稱為「氣」。在日文跟**「氣」**有關的詞彙也相當多，包括活氣、元氣、疾病（病気）、注意（気が付く）、機靈（気が利く）等。我認為，這是因為以前的人在日常生活中，不斷試圖感覺「氣」的存在。

嘗試在城市裡散步一下，我們也能夠感受到「氣」的存在。

隨意逛逛幾間便利商店看看，如7-Eleven、全家，總之選擇同一品牌旗下的各個分店。雖然店鋪的形式、商品的擺設等，每一家分店都是規定好的，可是只要多看幾家，應該就會注意到店內的氣氛不盡相同。有些分店氣氛宜人，讓人想購物，有些店卻讓人想立刻離開，這些全都是店家本身的「能量」造成的。

服務人員是否朝氣蓬勃，客人是否絡繹不絕，店內是否冷冷清清，這些事都能改變一家店的能量。換言之，應該可以說，工作人員的能量會決定一家店鋪的能量。

有次我走進一家氣氛沉悶的店鋪，於是停下來觀察一下，結果發現送貨的司機進來後，室內的能量瞬間轉變。那位司機開朗又活力充沛，原本凝結的能量一下子就醒過來，活蹦亂跳了起來。

我住在北海道，因此經常去拉麵店。雖然拉麵好吃與否，主要還是取決於烹調的手法，但有些店家人氣就是非常高，有些店則門可羅雀。請走進這兩種店，去感受店內的能量看看。

店內整體散發的能量如何？店長給人什麼感覺？店員的態度如何？拉麵是否對味？你應該能感受到其中的差異。有時我走進一家沒什麼活力的拉麵店，就會試著啟動自己的能量。沒想到，店裡的氣氛竟然就改變了，客人一個接一個走進來。任何人都能改變氣場，有空的話，請親身實驗看看。

那麼，請從日常生活當中，逐漸去感受周圍的能量吧。

就能量的性質來說，其特徵之一，就是會由高處往低處流。

這一點與水的性質相同。

試問，你覺得人類的能量值很高嗎？

「人是萬物之靈，能量當然很充沛囉！」真的是如此嗎？

事實上非常貧乏。

為什麼呢？若把能量類比成生命力，就很容易明白這個道理。

植物暴露在大地之上，不管是遇上風雨，或碰上酷熱、寒冷或者乾旱的氣候，哪兒都逃不了，只能撐下去，努力求生。但它繁殖力旺盛，生命力也令人刮目相看。能量值愈高，生命力就愈強。

人類以外的動物也是如此，野生動物都在嚴苛的自然環境中生存，生命力若不強大，就無法存活，正說明動物的能量值很高。

相較之下，人類穿著衣服，住在溫度適宜的房屋裡，無法在植物生長和野生動物棲息的環境中生活；這足以說明人類的生命力就是那麼薄弱，換句話說，就是能量值低下。

若以能量值的高低來看，順序便是：植物、動物、人類。

能量值低的人類，該如何提高生命力呢？勢必要以某種形式來補充能量才行。其中一個重要的方法就是，攝取高能量的植物性食物。對於人類而言，植物最重要的功用就是提高人類的能量，這是它的天賦任務。

我認為，用「感恩農法」栽種出來的蔬菜，是一種能量充電器，其使命就是提供給人類大量的能量。所以，我才會想要種植高能量的蔬菜呀！

今日，市場上到處都是低能量的食物，若是攝取其中幾樣，人類能量的流動會受到什麼影響呢？

能量是由高處往低處流，因此，攝取能量低的食物，我們的能量就會流失。人體內的能量本來就少，如果再進一步流失，理所當然就會生病了。為了活得健康，人類有必要攝取高能量的食物。

不過，能量這個元素非常複雜，並不會因為使用農藥、化學肥料就減弱，也不會因為使用自然農法就增加；生產者、物流業者、小販、餐飲店等等，相關工作人員的能量都會影響蔬菜的能量。

即使噴灑了農藥和化學肥料，只要相關工作人員抱著自信與自豪處理食物，它們的能量值就會變高。相對地，就算採用自然農法，若種植的人只為了賺錢而務農，能量值反而會變低。

若每個人都像帶著充電器那樣活著

以往農家的栽種方法，都會逐漸耗光土壤中的能量。農夫放入百分之百的肥料，為了培養南瓜用掉了百分之二十，栽種白蘿蔔時又用掉百分之四十，接著又被小麥用掉百分之四十。如此一來，能量值就降到了零，所以下一次又要加入百分之百的肥料。以這樣的程序務農，土壤肯定會愈來愈貧瘠。遺憾的是，土地是萬物的根本，它的能量降低，農作物的能量就會跟著漸漸變弱。這麼一來，農家就愈來愈難得到品質優良的農作物。所以，若是以「爭奪有限能量」這樣的態度去務農，那當事人和農作物的能量，就會逐漸變弱。

許多人都想掌控能量，換句話說，就是把它當成你爭我奪的寶物。人類的能量值一旦降低，就會想從外面取得補充能量，於是就用言語攻擊身邊的人，讓對方臣服，以奪走對方的能量。

無論夫妻吵架，或是工作上的爭執，被罵一方的能量都會立刻流失，流到佔上風的那一方。能量流失的人，會想辦法從其他地方補充，比如採取反擊手段，或者轉而攻擊別人。一旦形成這樣的狀況，家庭或職場的整體能量就會漸漸減少，而身處其中的人，就會被迫釋放出自己的能量。掠奪能量的戰爭一開打，短時間內總會有人獲益，但是到了最後，每個人能量都會枯竭，都成為輸家。

反觀「感恩農法」的理念，重點在於，我們是**將能量視為取之不竭的資源**。世人把能量當成是有限資源，才會想要從別人那裡奪取。然而，若能量是無限的，分給再多的人也沒關係。

「感恩農法」的參與者全都熟知這個道理。因此，身為生產者，一定要全心全意栽種蔬菜，也要維護農地，讓所有生命欣欣向榮，這樣就可以種出能量非常高的蔬菜。

若我們真誠地付出心血，栽種出一百分的蔬菜。而協助運送的司機，也把農作物當作寶貴的生命，在運送過程中時時留心，那就能為蔬菜增加五十分的能量。蔬菜送到餐廳後，廚師在料理時，誠心要將這些生命發揮到極致，那又再多加五十分。服務生在送餐時，心裡為點餐的顧客祝願的話，又會再多五十分。這麼一來，蔬菜送到客人手裡時，原本一百分的能量就變成了二百五十分。要是客人才剛失戀而沮喪不已，能量值近乎是零，只要吃了這道高能量的料理，一下子就能提升能量，重獲元氣。

「這個真的好好吃哦！」客人如果懷著喜樂的心享受，蔬菜的能量值就會再次提升。

「那家餐廳的料理非常美味喔！聽說是用了『感恩蔬菜』呢！」諸如此類的話，經由客人向周圍的人散播出去，就會有更多饕客前來享用。眾人都吃到用感恩蔬菜烹飪的料理，由此發出喜悅而感謝的心情，這股能量不停地流轉，最後必定會回饋到佐佐木農場。

如此一來，能量就會不斷循環，規模也愈來愈大。

因此，我們再也不需因為自己的能量減少，而想要奪取他人的能量來補充。只要帶著感謝與喜悅的心情去工作，能量自然就會提升。

「就像是隨身帶著充電器一樣。」我這麼認為。

無論是在工作單位還是在家裡，我們都不該被眼前的利益所迷惑，而是要去思考如何提升整個場域的能量，那才是首要之務。此外，若想提高能量值，並非從他人身上奪取，而是要想辦法大家一起成長、達成目標。眾人的能量值一旦提高，整體的氣場自然就會變強。

能量是往低處流的，**因此自然會朝著需要的地方緩緩流過去**。但又因為能量是無限的，所以不需要太吝嗇，每個人都能夠歡喜地分享出去。接受的一方會因為收到贈禮而開心，我們的能量反過來又再跟著升高，就是「感恩農法」強而有力的循環。

大地搬走了之後，我不停地說「感恩」來轉化自己，能夠感受到一切生命是那麼親切又珍貴。我想，是因為那時我手裡握有能量充電器的關係。就是基於這個理由，即使經營惡化、陷入困境、再也走不下去，我還是能夠保持冷靜，奇蹟般的事情也接二連三地到來。

如果自己變得能感受到能量，生活方式也會跟著改變。

我希望，你一定要在日常生活中，試著去感受能量。

「五大原則」之三──「相信豐穰」

第三個原則就是**「相信豐穰」**。

所謂的豐穰，一般而言，是用來形容穀物豐收，不過我把孕育出生命的力量稱為「豐穰」；也可以說它是大自然的天理。比方說，太陽、大地、水、空氣皆有無限的能量，是創造及孕育生命不可或缺的元素。

豐穰正是之前提過的「充電器」，可透過它汲取無限的能量。持有這個充電器，就不會再想從別人身上奪取能量。而且，無論分享多少能量給別人，再充電補回來就好，完全不需苦惱。

你難道不想與豐穰連結在一起嗎？

理解豐穰的意義，才能夠真心相信它。

讓我用聖誕老公公來比喻吧。聖誕夜當晚，聖誕老公公乘著麋鹿拉的雪橇，為小朋友分送禮物；對小朋友來說，這是一年裡最令人期待的事。

在小朋友的眼裡，聖誕老公公正是豐穰的代表。如果想要一臺遊樂器，那麼，聖誕節的早晨，一張開雙眼，就會發現遊樂器放在枕頭旁邊。在小朋友看來，那是巨大的奇蹟。透過祈禱，就能得到想要的東西，所以他們打從心裡相信聖誕老公公。這就是豐穰的含義，保有這份虔信，只要向神明請託，就能得到禮物。

長大成人後，有誰至今仍然相信，聖誕夜會有聖誕老公公送禮物來？這樣想的人應該不多吧。

為什麼會這樣？

可想而知，大部分的成人都不再相信有聖誕老人；相對地，既然沒有人相信他的存在，聖誕老人也不會想要出現。

聖誕老公公真的存在嗎？禮物是誰買來的？其實不必追究到底。只要去感受收到禮物的喜悅，聖誕老公公就永遠會為我們而來。大人卻不斷去想「不可能」、「現實不會發生」，於是難得收禮物的機會，就從指尖溜走。

豐穰就跟聖誕老公公一樣；而我自己到現在仍然相信聖誕老人的存在，也相信豐穰。

在豐穰的守護下，我想要與更多人有互動與連結。只不過，越來越多人不相信看不見的事物，就算我想跟他人產生連結，也很難做到。

我以前一直認為，每天自然都會有陽光，這是天經地義的事，因此沒想過要對太陽公公說「感謝」。不過仔細一想，是太陽的能量讓我們活著。同樣地，少了水，我們也活不下去。入浴泡澡的時候，沒有人會想到，浴缸裡含有大量的豐穰元素吧。事實上，身體浸泡在這個維持活力的必要元素當中，才會覺得泡澡很舒服吧。

空氣就更加重要了。短時間不吃、不喝，還是能夠活著。今日世界還有些地方的人吃喝都不足，但還能繼續活著，可是呼吸功能就不能如此隨心所欲了。幾分鐘呼吸不到空氣，腦部就會缺氧，接著產生致命危機。

器官運作也要歸功於豐穰的賜予，畢竟臟腑不是靠我們的努力在發揮功能。豐穰是不可或缺的生命元素，世人卻視之為理所當然，毫不在乎也不懂得感激，不肯相信豐穰是我們賴以維生的因素。豐穰不會靜止不動，它還想贈予我們重要的禮物，包括人生的任務和使命，但我們因自己的無知而無法獲得。

透過眼睛看不見的電波，行動電話才能彼此相連，我們才能跟對方講話。應該不會有人認為：「眼睛看不見電波，所以不相信它能發揮功用。」因此，有些事物即使眼睛看不見，我們仍深信不疑。那既然我們都相信手機電波，那對於推動器官運作的能量，為何還會存疑呢？

我們猶如終端機，而豐穰是透過看不見的網路，嘗試把無限的能量、訊息傳遞過來。可是，我們卻以懷疑的態度一味否定、拒絕，以至於無法成功連線，實在很可惜。

我們大部分的人都沐浴在豐沛的陽光下，過著一般的生活，但若能想到**「啊！陽光滋養著我呢，好感激呀」**，就能逐漸感覺到豐穰的存在。我認為，自己是透過不斷說出「感恩」，才能與豐穰產生連結，那些難以置信、奇蹟般的事情才會接二連三地降臨。這絕不是我個人獨有的特殊經歷，在任何人身上都會發生這類的好事。

與其去探究聖誕老公公存不存在，倒不如單純相信它，大方接受豐饒帶來的禮物，還會比較快樂。

當想像成為現實

豐穰是孕育萬事萬物的源頭，無論是正面或負面的事態，全部都由豐穰生成。

我居住在洞爺地區的鄉下，住在這麼自然的環境，生活資源充足，不需要從豐穰當中提取多餘的物料。若住在城市，就必須取走透過豐穰產生的許多食物。都市人喜歡享受吃吃喝喝的樂趣，造成肥胖、心血管疾病等問題。我不由得感覺到，大家都在浪費、耗損珍貴的豐穰能量。

要如何讓豐穰與現實發生作用，關鍵就在於**「想像」**。

每天，我們腦海裡想著千百樣的事情。你相信嗎？其實你所思考的事，會馬上影響到所處的現實世界。大腦會對所想像的內容做出反應，繼而引發後續的行動。

讓我們來做個實驗，看看大腦如何自發性地回應想像內容。

請讀一讀下列的短文。

「人有失足……」（馬有失蹄）。

「智者千慮……」（必有一失）。

「有志者……」（事竟成）。

你有什麼感覺？大腦讀到這些句子，是否停頓下來了呢？一讀到「人有失足」，大腦是不是會自動接「馬有失蹄」？明明只寫了「智者千慮」，大腦卻直接反應回答「必有一失」。提到「有志者」，就自然而然說出「事竟成」。這些耳熟能詳的成語，已經深植在腦海裡，所以大腦會自行判斷該如何回應、接話。考試時，大腦就會命令手在考卷上寫出熟練的句子。行動時，大腦也會以同樣的程序觸發相關的連續動作。

這個道理也同樣能應用在務農的人身上。

雨一直下個不停的話，腦海裡面就會不知不覺浮現這些念頭。

「唉呀，雨再繼續下個不停的話就慘了……」

如果腦子開始想像「菜都要爛了」，那個景象就會在現實中發生。你想像的畫面會傳達給豐穰，它會忠實地給你回饋，也就是按照你的意念創造出現實：田裡的菜確實都泡爛了。

我跟一般農家提過自然農法，也就是不使用農藥和肥料，完全相信農作物的生命力。

長期習慣噴灑農藥的人，腦袋只有一般常識，所以認為自然農法不可能成功。他只會聯想到不灑農藥、不放肥料的後果，腦中浮現「農地滿是害蟲」、「到處是生病的作物」、「根本長不大的蔬菜」等畫面。這時豐穰就將這些想像照單全收，轉為現實送到當事人的面前。

那些務農經驗老道的人，會對自然農法抱持著半信半疑的態度。如果有人說不使用農藥、肥料也行，感覺就像在否定他從業以來的務農方式，因此他很難想像「這種做法行得通」。正因如此，他就無法從豐穰那裡獲得「行得通」的能量，結果終究會失敗。

反倒是初次踏入農業界的人，因為長年都在都會生活，沒有太多先入為主的觀念，就能坦然地把我的話聽進去，腦海生出「行得通」的畫面。他們自己也很驚訝，短時間內就成功實踐自然農法。

一旦理解大腦與想像力的運作邏輯，自己說話及思考的方式也會跟著改變。

一旦心裡想著「千萬不要失敗」、「千萬不要發生意外」、「千萬不要下大雨」，大腦就會捕捉到「失敗」、「意外」、「下大雨」這些訊息，然後轉成相對應的想像畫面。最後，那些畫面就會不巧變成現實，跟當事人祈願的結果相反。

想從豐穰那裡得到任何成果，必須直接去想像自己想要實現的畫面，大膽斷言自己「會成功」、「做得到」、「一定會幸福」等。

世人往往認為，自己過得幸福或不幸福，全都受制於現實條件。但是現在的我會認為，實際上不是這麼一回事，而是先有了想像，才會導向特定的現實情況。

佐佐木農場經營不善的那段時期，我第一個應變措施就是，認真地去想「感恩農法成功了」。這麼做之後，心裡就會開始想：「感覺真幸福呢！日子怎麼會過得這麼好呢？」接著，瀕臨破產的事業竟然有了意想不到的進展：銀行肯貸款給我們了。事實上，背後的緣分是這樣的。

由於奇妙的機緣，木村秋則先生聽說了我們的故事。木村先生就是賣座電影《這一生，至少當一次傻瓜》現實生活中的主人翁。他前去青森縣的銀行為我們請託：「在北海道有個拚命實踐自然農法的孩子，現在有困難，我希望你們能想想辦法幫助他。」

這番話竟傳到了北海道的分行，很幸運地，該主管為我們首開特例，核准了貸款項目。這全是拜木村先生的熱心所賜，是他親自一一說服多位銀行職員，才有這麼美好的結果。

於是乎，「感恩農法」開始往成功的路上邁進。

覺得自己苦命的人，無法變得幸福，只有認為自己過得幸福，日子才會順遂。所以說，無論此時此刻面臨什麼情況，只要懷抱著幸福的想法，就能迅速走到幸福的境地。不管發生什麼事，以「感恩」來回應就對了。

每當我談到這樣的話題，有些人會這麼回應：

「貴仁兄這番話實在太棒了。我一點也不懷疑。」

「謝謝你。不過以前我也曾因此而受挫呢。在說出『不懷疑』的當下，大腦卻接收到『懷疑』的訊息，不小心就創造出那個畫面。結果，反倒讓豐穰產出我不想要的結果。」

對方聽了我的回答大吃了一驚，但這可是千真萬確的真相。因為大腦不知如何理解否定句，「不懷疑」跟「懷疑」是一樣的意思；「不討厭」反倒會變成「討厭」。

「所以，只要說『**我完全相信**』，就萬事ＯＫ囉。」

以植物培育植物的祕密

相信豐穰後，你就會逐漸明白，一切事物都那麼完美而真實。「感恩農法」之所以會成功，是因為我們打從心底去相信，所有幸福都存在於豐穰之中，一切皆可從中獲得。這並不是單純盲目的信念，只要觀察農田裡大地及農作物的變化，就能確實看見豐穰賜予我們一切。

在持續不斷地說出「感恩」後，我漸漸感覺到，周圍的林林總總全都變成了夥伴。不只是人，包括綠草、小蟲、細菌、農具及農機，全部都是我的夥伴，我也認為它們的存在非常重要。既然是夥伴，就會想要一一瞭解它們所有的細節，包括性格、偏好、功能、傾向等等。因此，我的第一步就是先認識這些夥伴，用盡全力來觀察它們。

觀察後，我終於領會到「豐穰是完美的」。

收成的蔬菜品質要好，土壤非常重要，這是眾所皆知的事。

「你有用什麼方法在改善土壤嗎？」經常有人這麼問。

「並沒有耶。」我回答之後，接下來一定會得到這種回應：

「想必是商業機密，不方便透露吧。」

但我真的是什麼也沒做啊，也沒有什麼機密好說的，一切完全是公開透明的。

我相信，改良土壤的最佳辦法，就是不要去做任何非自然的事情。人類雖然擁有自然的治癒力，可是比起大自然所富含的能量，實在是小巫見大巫。大自然不用做什麼事，只要維持原始的環境，自癒力就會愈來愈強，土地原有的健康狀態也會復原。借助植物、小蟲、微生物等多種生命的力量，土壤也會愈來愈肥沃。

過去農業的思考邏輯是，農作物會汲取土壤的養分，為了補足流失的部分，就必須在土地上施加肥料。

然而，在觀察農地裡的眾夥伴之後，我逐漸明白，那不是一件單純可用加減算術去討論的事情。

假設有一塊農地要用來栽種高麗菜，而高麗菜需要大量的鈣質才能成長。於是農夫就誤以為，高麗菜收成之後，田地的鈣質就非常貧乏。為了補充鈣質，傳統農業的做法就是灑下鈣肥。

若是採用「感恩農法」，農夫就不使用肥料，放任不管，讓土地自己發展。猜猜看，這樣會發生什麼事呢？

結果很有意思噢！放任不管後，農地就雜草叢生。那些是什麼種類的草呢？偶然間落下的種子會胡亂地生長嗎？

並非如此哦。

只有具備某種特性的草會生長，並覆蓋整片農地，那就是藜草（Chenopodium album）與紅根豬草（Amaranthus retroflexus），它們可以長到一個人那麼高。這兩種草擁有一項共通的性質，就是可以在體內合成鈣質。只要讓那些野草生長，農地就能補足缺少的鈣質，恢復到養分剛好的健康狀態。

真是令人驚訝的運作模式啊！果然是無敵的自然治癒力呢。

於是我做了實驗，在農地的一隅栽種了高麗菜，旁邊再種馬鈴薯。收成之後，我仔細觀察會有哪一種野草會長出來。

種了高麗菜的那一個角落，如同上面描述的，長出了可以用來補充鈣質的野草。馬鈴薯不太會消耗土壤裡的養分，採收之後的農地，養分竟然過多。幸好，馬鈴薯採收後所長出的野草，會吸收多餘養分，如禾本科的稗草。

施撒肥料的農地，還是會冒出各種不同的野草，可是不放肥料的話，野草就會依照原本栽種的農作物種類，涇渭分明地長出來。野草很厲害吧？我就是用這種方法改善土壤的體質，它不是什麼商業機密，你可以自由運用這項「獨門訣竅」喔！

野草有助於改善土壤，這是田埂上的雜草教我的。剛開始實行自然農法的時候，我雖然沒有使用農藥及肥料，卻很努力地除掉全部的野草。那時栽種成功能收成的農作物，就只有與小姆指一般大的紅蘿蔔，以及比乒乓球還小的洋蔥而已。

當時很煩惱，為什麼種不出品質好的作物。有一天，我看到田埂上的野草，突然心生疑惑：沒有人施肥、也沒有人播種，野草卻每年茂盛地生長著。為何如此？是什麼在滋養著那些野草？我的個性是一旦起了頭，就會打破砂鍋問到底。從那天起，我就開始在田埂上徘徊思考著。

「啊！原來如此！」某個瞬間我突然靈光乍現。

培育今年野草的功臣，正是去年的野草呀。去年的野草若是母親，今年的野草就是孩子。我終於明白，去年的野草變成了養分，今年的野草才得以生長。

要是如此，除掉野草就不妙了，就像是殺害了母親一樣。好，我們家的農地就讓它雜草叢生，野草會變成養育之母，幫助我們把高麗菜、紅蘿蔔、洋蔥養大。

結果非常圓滿，完全符合我的預期。從此以後，我家的農地儘管野草遍生，卻成了能夠栽種出優良蔬菜的良田。

堅信豐穰的力量，不插手做多餘的事，就能得到美好的結果。

大自然教導我關於微生物與土壤的關係

探究土壤中的微生物如何工作，也是很有意思的事情。微生物大致可分為「好氧性細菌」與「厭氧性細菌」兩種；好氧性細菌喜歡空氣，厭氧性細菌則厭惡空氣。基於這樣的性質，農地的表層覆蓋著好氧菌，下層部分則充滿厭氧菌。

好氧菌與厭氧菌一邊分工合作，一邊幫我們分解泥土中的有機物，轉換成植物可吸收的養分，還能把有害物質變成無害物質。好氧菌及厭氧菌的平衡一旦崩壞，土壤就會變得不健康，無法栽種出良好的作物。若使用了農藥及肥料，一定會破壞細菌的平衡，導致寶貴的微生物無法充分發揮功能。

在探索微生物的過程中，我意外碰上了非常有趣的事。

從農地往下挖，在十公分至二十公分深左右的位置，有一層特別堅硬的土壤，稱為「硬盤層」（或稱「犁底層」）。請用鐵棒刺入農地看看。大多數人都以為，鐵棒插進土裡很容易，要多深都可以。但是在大部分的農地裡，鐵棒都會頂到這塊硬盤層，只能刺到十公分或二十公分深而已。

若有硬盤層的話，蔬菜的根就無法往下扎得更深，只好往橫向伸展。硬盤層不僅容易積水，泥土的溫度也會下降，嚴重影響農作物的生長。長得高的作物，因為根部沒有往下伸展，只要下大雨或遇到強風吹襲，馬上就會倒下了。正因如此，白蘿蔔的生長時，根部無法穿越硬盤層，才會長成了歪七扭八的形狀。

要如何解決硬盤層的問題，每戶農家都在傷透腦筋。今日有的農家會用大型機械打碎硬盤層。不過，根據我個人的調查，用蠻力破壞硬盤層後，雖然立刻能把鐵棒刺入大約五十公分深的地方，但只要過了一個星期，在二十公分深的位置，就會再次形成結實的硬盤層。

為什麼硬盤層會形成？它的存在又有什麼目的呢？

我一時陷入了苦惱，千頭萬緒地想了好一陣子。最後，我找出了解答，不過讓我獲得線索的，可是我家農地隔壁的田埂。田埂已經教會了我野草的重要性，但是大自然啊，一直都是我們的老師，可學的內容猶如山高。

我也用鐵棒去刺了田埂，探索底下是不是也有硬盤層，結果可以往下深入到五十公、六十公分處。我不禁思考：「怪了，這是怎麼一回事啊？」

山上的土壤也很鬆軟，鐵棒可以刺到很深的地方。那裡有許多高大的樹木聳立，假如硬盤層就在二十公分深的地方，樹根是不可能再往下伸展的，無論往橫向蔓延得多廣，樹木長到一定高度後，應該就會立刻倒下吧。高達十公尺、二十公尺的大樹，即使有颱風來襲也不會倒，原因就在於樹根已經扎得相當深了。

田埂及山上都沒有硬盤層，可是農地都有，這要如何解釋呢？

土壤的品質取決於微生物。那麼，硬盤層的形成該不會也跟微生物有關係吧？我當時這樣思考。

從微生物分布的角度來看，厭氧菌分布在硬盤層周圍，那它是為了什麼目的要製造出硬盤層呢？這道謎題，愈探究愈是深不可測。

日夜不歇、不斷地想，還是找不出答案。

就在那時，我的腦海浮現了**「豐穰」**兩字。

「豐穰」是孕育出百樣生命的源頭，大地也是它的一部分。繼續往土地裡挖掘下去，想必會碰到豐穰才是。而植物的根，是朝著豐穰而伸展的。厭氧菌在那裡製造了一道名為「硬盤層」的防線，那道防線雖然在農地裡看得到，田埂及山上卻沒有。既然如此，該怎麼去推敲其中的道理呢？

農地與田埂、群山的差異在於，人類會在農地使用農藥與肥料，還會割除野草，是非常人工化的地方；反觀田埂與山野，卻沒有多餘的活動在那邊進行。這兩者的差異之處，會不會就隱藏著解開謎底的關鍵呢？

用這種假設性的說法來解釋：所謂的豐穰，就宛如母親的子宮，裡頭住著新生兒，所以母親的身體是用來保護小寶寶的。如果有害物質進入了母親的體內，生理系統會設法防堵它侵入。

那我們應該也可以認為，土壤中有同樣的自然治癒力量在運作著。

因此我做出了這樣的假設。

「為了守護大地，不讓農藥及肥料等毒素入侵豐穰，於是厭氧菌築起了硬盤層。」

你認為這個想法如何？

然而，僅用假設是得不到解答的，還需要提出證據才行。只不過，我並不是科學家，所以我決定忠於自我，用獨創的「感恩農法」來證明。

每天試著對厭氧菌說「感恩」

硬盤層與微生物的關係，是不是令人感到非常有趣呢？還是只有我一個人覺得雀躍而已？無論如何，我還是想繼續把這件事講完。

在我看來，豐穰時時刻刻都想要幫助人類。這股力量能孕育出茂密的森林，也會想把農地創造成眾多生命可以棲息與活動的地方。它希望世人可以食用那些生命，跟植物一樣活得健康有元氣，隨時面帶微笑地生活下去。不過，拒絕這個好意的正是人類自己。相比之下，人類更相信農藥和肥料，於是在自己與豐穰之間築起了一道牆，硬盤層正是那道牆的具體實現。

從另一方面來看，也正因為厭氧菌製造硬盤層，才能保護豐穰，不讓有害物質入侵。

我閱讀大量書籍，聽取許多人的意見，試了各式各樣的方法，想要消除硬盤層。然而，不管怎麼做，它都不會消失。

當時，拿起鐵棒往土裡刺，只要在二十公分深的地方聽到「噹」的一聲，我就會感到遺憾、傷心又失望。

從「感恩農法」的角度來看，這個問題該怎麼解決才好呢？於是我又做了另一番思考。

面對不如意的事情也要感到歡喜，才是感恩農法的真諦。無論有多少不順心的事情，當中都有躍動的生命能量，能夠對它感到喜悅，就會變成感恩農法的能量。煩惱、不知所措等負面的念頭，並不符合感恩農法的精神。

有一次，我盯著腐爛的萵苣，看著它化成黏稠的液體。那時我真的感到開心極了。原因在於，在萵苣腐爛的過程中，本來肉眼看不見的病原菌展現了生命力，讓我得以知道它的存在。看著稀巴爛的萵苣，才知道病原菌是這麼活躍。

我思索了一下，這個道理也許能用在硬盤層上。鐵棒刺入土壤之後，被硬盤層擋了下來，當中是否也有某種生命現象，想要展示給我看呢？豐穰是不是也在用我可以理解的形式來教導我，土壤底下還有拚命工作的厭氧菌呢？這樣一來，不就可以感受到厭氧菌的生命正在躍動著。念頭一轉之後，遺憾及傷心全都不見了，我不禁變得歡喜起來。

於是，跟先前一樣，我想開始對厭氧菌說「感恩」。厭氧菌用盡全力在為人類保衛著豐穰呢！它既不是令人困擾的傢伙，也不是應該趕盡殺絕的壞蛋，反而是非常值得感激的重要同伴呢！

我決定，要以感恩農法去證明厭氧菌是可貴的夥伴。

「希望你能相信，我絕不會再污染豐穰了。」從那天起，我開始對厭氧菌這麼說。

我家農地裡的田壟，從此端到彼端的長度是兩百七十公尺。我在田壟上，每走一步就用鐵棒往下刺，同時說出「感恩」。走一步、鐵棒刺一下、說一聲「感恩」，持續不斷重複這個動作，光是這麼走一趟，就要花好幾個小時。

一天接著一天，我在農地裡拿著鐵棒刺探。不過，厭氧菌真的很努力在工作，硬盤層絲毫沒有任何鬆動的現象。不過，我還是堅持說下去：「**謝謝你為我努力。**」

大約過了一個月，我感覺到硬盤層稍微變得鬆垮。我認為，那是厭氧菌開始想原諒我了，內心興奮不已。於是我每天繼續同樣的動作，發現有的地方變得更鬆軟，鐵棒已經可以觸及至大約五十公分深的地方。

「啊，這群厭氧菌開始信任我了。」我的心撲通撲通地澎湃了起來。

「我想回應這份信任。」我這麼說給自己聽。

我覺察到，自己的心中也有硬盤層的存在；我體會到，內心日益柔軟的同時，農地的硬盤層也漸漸變得鬆軟了。

持續了一、兩年之後，如今農地已有許多角落，鐵棒可以深入到一公尺左右深度，有的地方還是只能刺到二十公分而已。不過，如此認識厭氧菌，帶給我許多喜悅的心情，失望的感覺也消失無蹤了。

鐵棒可以觸及到五十公分或一公尺深，實在教人歡喜不已，總之都是因為能接觸到豐穰。這種幸福的感覺，令我不禁雙手合十、熱淚盈眶。所謂的豐穰，就是這般令人感激萬分的力量啊！

守護豐穰的傑出團隊

生命萬物皆從豐穰之中獲得能量。因此，所有生命都盡力在守護它。就像厭氧菌製造硬盤層，就是為了保護豐穰、感謝豐壤的支持。我用自己的方式解開硬盤層之謎後，繼而產生了一股強烈意識，也想效法那樣的精神。我也對豐穰心生感激，若能轉化生命，與豐穰連結為一體，那將會是最棒的人生。

我的夥伴像導師一樣，引領我走上最美好的人生道路，它們就是農地裡的植物、小蟲、微生物。

它們自有一套「解毒」的程序，來保護著豐穰。

拿植物來做例子。人類灑下農藥及肥料，植物便會從根部吸收有害物質，並且由細胞儲存下來，豐壤因此可能受到汙染。細胞儲存那些物質，就會變得肥大。所以一旦施肥，農作物就會長大。

堆積了有害物質，農作物才那麼肥大，把它們吃下肚，對健康應該不太好吧。

發明化學肥料的人，熟知生物機制，知道如何把植物養得又大又美，而他最主要的動機應該是想要更快速地栽種、收成，把食材送到大眾手上。他一定有想要幫助他人的信念，才會花費心血投入研究。

植物堆積了有害物質後，細胞會膨脹，提早熟成，卻也會快速地枯萎死去。一旦枯萎就回歸成為土壤，藉由這個過程，植物清除了體內的有害物質，防止豐穰受到污染。

你不覺得很厲害嗎？

空氣也是這樣，水也不例外。植物自行吸收有害物質，再自行解毒、淨化，最後才釋放到外面的世界。

小蟲又是怎麼做的呢？

野生動物排出糞便後，有什麼東西會開始聚集過去呢？就是蒼蠅啊。蒼蠅要做什麼？牠們的工作便是把動物的糞便弄得又細又碎，解毒之後歸還給土地。以前的農家，會把糞尿撒滿整片農地，如此就會引來一大群蟲子聚集，牠們拚命把糞尿變成無毒的東西，好保護豐穰的完整。

繼續想下去的話，該怎麼看待被蟲吃的蔬菜呢？小蟲會吃掉蔬菜，就是為了要解毒。常常聽到有人說：「連蟲都會吃的，就是安全可口的蔬菜。」可是，在我心中，那樣的神話已經完全破滅，真正安全、生命力強的蔬菜，蟲子一點也不會吃。

即使是感恩蔬菜，有的也會被蟲子吃，那是因為蔬菜吸收了土壤裡的毒素。感謝小蟲聚集起來，讓我得知這件事，免得把那些蔬菜賣出去。

只不過，蟲子也不光只為了解毒而吃，牠也得滿足自己的食欲。就算把有毒的蔬菜都吃完了，也不可能就此停止，什麼都不吃。有個方法可以分辨昆蟲是在解毒或滿足食欲。以高麗菜來說，如果蟲子光吃最外層的葉子，就可以判定那是為了滿足食欲。如果是為了解毒，小蟲就會一直鑽入到菜心，連最裡面的一層都吃掉。被蟲子鑽洞、啃食的高麗菜，放置不管的話，最後會腐爛如泥。但如果只有表面被吃掉的高麗菜，放著不理，就會開花結果。

一想到小蟲在為我們做那些工作，是不是會覺得蟲子變得可愛起來了呢？都市人看到蟲子，就會大驚小怪，但是若沒有蟲子，又有誰可以守護豐穰呢？牠們也可以說是我們生命的守護神。

微生物也是我的夥伴。

微生物的解毒手段，就是發酵與腐壞，其實它們在根本上是同一件事。符合人類使用的就稱為「發酵」，不符合使用的就稱為「腐壞」，其實這都是人類恣意判斷的結果罷了。比方說，有生命力的葡萄會發酵，沒有生命力的就會腐壞。發酵持續下去就會變成酒，再更進一步的話就變成醋，最後會變成水；腐壞下去就會發霉、愈來愈腐爛，細胞變得破碎，最後變成水。兩者的差別只在於過程，終究都會變成水，解毒也就此完成。

有生命力的物質，經歷發酵過程後，會把內含的養分留給土地，自己變成水；沒有生命力的物質，則透過腐壞的模式，讓自己完全變成水。這種現象見證了大自然神奇的能力。

植物、小蟲和微生物，並非各自單獨進行解毒工作，而是組織成一個團隊，共同協力守護著豐穰。它們創造了無懈可擊的解毒循環。我認為，它們非常清楚自己存在的理由為何，所以直接面對命運、付出性命去守護豐穰。

事實上，人類如果也能成為那個循環的一分子，一起攜手保護豐穰的話，就再好不過了，然而卻總是難以辦到。那麼至少，我想好好地道一聲「感謝」。

植物眾生，感恩。
蟲子眾生，感恩。
微生物眾生，感恩。

「五大原則」之四——「陰陽調和」

前面，我已經花了不少篇幅講解豐穰，畢竟那是維繫我們生命的重要力量，所以怎麼說也說不盡。我認為，相信豐穰的人，跟抱持懷疑、否定豐穰的人，兩者的生活方式與實際人生會有極大的差距。

若你懷疑豐壤，那請把手放在胸膛上看看，感受心臟的跳動。請問是誰令它跳動的呢？事實擺在眼前：它絕不是聽從你的意志力而跳動。然而，確實有某股力量，令心臟日夜不休地跳動著。若能從這一點體會到生命不可思議之處，進而產生感激之情，那麼你很快就會對豐穰深信不疑了。

不僅是從事農業，無論是在製造業還是服務業工作，只要你相信豐穰，努力珍惜資源，投入工作的態度也會漸漸變得不同。請你務必藉由這個機會，認真思考豐穰的道理，這絕對會給人帶來美好的轉變。

那麼，回過頭來說五大原則，前面已經談過，第一是「認同生命力」，第二是「感受能量」，第三是「相信豐穰」。接下來談第四個原則：「**陰陽調和**」。

從遠古時代，中國某派思想家就發展出陰與陽的概念。世間一切萬物可分為陰性與陽性，物質及現象的成立和存在，也都是根據陰陽調和的原則。偏向陽性的物質，活動量高、消耗能量也多，陰性的物質則偏向靜態。

一旦瞭解陰陽調和有多麼重要，大自然如何維持此平衡的順暢運轉，那麼從事農業的方法、每一天的生活作為，以及思考方式也會跟著大幅改變。整個人就更能夠與豐穰有連結。

陰陽理論非常深奧，為了便於理解，我會從身體與飲食這個角度談起。夏天是陰性的嗎？還是陽性的？太陽閃耀著熾熱光芒，人們活動力旺盛，因此夏天屬於陽性。反之，冬天就是陰性的。

在燥熱的夏天，人會變得渴望喝什麼、吃什麼呢？大概就是冰啤酒、冰淇淋、西瓜、番茄……對吧。身處陽性的環境當中，人就會渴求陰性的飲品及食物；啤酒、冰淇淋、西瓜、番茄等全都是會使身體變冷的陰性飲料和食物。透過食欲，身體試圖取得陰陽的平衡。同樣的道理，天氣寒冷的時候，人會想吃可以使身體變暖的食物。

體內的陰陽一旦失去平衡，人就會生病。我想，你可能聽過「長壽飲食法」（Macrobiotic），那是一種以玄米菜食為主的健康飲食方式。現代人流行在高級餐廳享用「長壽飲食法」餐點，不過它本身是一種食療法，用以治療病症而廣為人知。食養家櫻澤如一從自己對抗病魔的經驗當中證實，從飲食著手、調理好陰陽平衡就能治病。他有系統地整理這些飲食心得後，稱之為「長壽飲食法」。將食物與哲學連結在一起，可說是劃時代的創舉。讀到櫻澤先生的著作時，常常能發現如醍醐灌頂般的字句，「原來如此、原來如此」，像這樣令人頻頻點頭稱是。

基本上來說，大部分生病的人體質都偏陰性。依照這個邏輯，他們應該盡可能攝取陽性的食物，以達成陰陽調和。現在，體溫低、容易怕冷的人大幅增加，有許多醫師表示，這個現象也導致癌症等重病患者與日俱增。也許是過度攝取陰性食物的關係，我猜想，冰箱及冷氣機的普及，跟身體容易變冷也許有關。

陽性食物指的是白蘿蔔、紅蘿蔔、牛蒡等根莖類蔬菜。就植物來說，長得高的屬於陰性，在地面蔓延或潛藏在地面下的屬於陽性。異性相吸、同性相斥。所以陰性物質就會被最強的陽性物質——太陽——所吸引，陽性物質則會朝著與太陽相反的方向生長。人類也一樣，身材苗條高瘦的人一般屬於陰性，矮胖的人則屬於陽性。動物界也一樣，瘦高的長頸鹿屬陰性，矮短的豹屬陽性。

大自然的運作，總是為了取得陰陽調和。觀察農地時，就能發現這般有趣的現象：在某塊農地，雜草又高又繁盛，隔壁農地的雜草卻普遍低矮。我當時苦思著，為什麼會形成這般不可思議的現象。仔細探究之後，我發現，陰性農地會長出陽性、低矮的草，陽性農地會長出陰性而高瘦的草。這麼一來，農地就能自我調節陰陽平衡了。

人類也具有天生能調節陰陽平衡的能力。可是，現代人的生活充滿太多人工的事物，調節能力就因此失常。比方說，我們一年從頭到尾都在吃陰性的砂糖，連冬天也吃冰淇淋，沉溺在容易使身體偏寒的飲食生活中。許多人的健康之所以會崩壞，應該就是守護身體的機能失常。我非常愛吃「Pocky」巧克力棒，但是吃完甜食之後，就會變得想吃鹹的東西。身體就是依照這樣的方式，來恢復陰陽平衡（雖然這聽起來像是吃巧克力棒的藉口）。

仔細觀察我們的作息，也會漸漸明白這個有趣的現象：人類不只是透過飲食來調節陰陽平衡，也會利用環境來調整。

「陽性的人，會喜歡在屋內放置高高的觀賞植物，或者改用間接照明讓房間變暗一些。」

在某個場合，我說出了這樣的觀點，有位公司負責人聽了竟捧腹哈哈大笑。

「簡直就是在說我嘛。」那人如此回應道。

他是個典型的陽光男子。有次到他家拜訪，裝潢非常精緻，像是日劇的場景一樣，但室內光線卻很陰暗。我不太習慣那樣的空間，然而對他而言卻是相當靜謐的環境。當然也可以說，這是人個性中扭曲的一面。但不管是誰，都會透過某種方式，試圖去維持陰陽的平衡。

公司也會遵循同樣的邏輯，隨時努力去取得陰陽的平衡。一種米養百樣人，只要是群體，當中就會有形形色色的人；有開朗健談的人，就會有沉默文靜的人。因為有各色各樣的成員，團體才能夠獲得平衡。

假如工作場合來了一位性質相異的人，我們要做的不是去排擠他，而是考慮到，那人來的目的是為了調整組織內的平衡；這樣就能心生感謝之情。若仔細觀察當下的氣氛，就應該會逐漸發現，只要有那個人在，「現場的能量」就會穩定下來。以陰陽法則來講，這位新同仁其實是不可或缺的存在。

包括人類在內，大自然無時無刻不在拼命地努力為萬物平衡陰陽的落差。瞭解陰陽，在生活中時時體會這個道理，那麼不管面對任何事，就能夠心存感謝，進而尋得生命的真義。

在農地裡學到的陰陽調和

一旦理解陰陽的法則，踏入農地後，也能注意到各種事物的平衡關係。農藥或肥料都是極強的陰性物質，大量撒在農地裡，土地就會變成陰性的。土地為了取得平衡，就需要陽性的物質，因此雜草才會不斷冒出。可是農家會除草，導致耕種過程產生許多問題。在這種情況下，在陰性農地裡工作的人，只好展現他的陽性特質。

也就是說，他得不停地在農地來回勞動，精神變得慌張且匆忙；那項不得不做，這項不得不處理，心情急躁不定，甚至會不小心受傷。與此同時，金錢的流動也更加快速，就算收成、獲利很多，也會很快地往外花出去。

停止使用農藥和肥料後，我觀察農地、關心小蟲，慢慢地能帶著愉快的心情投入工作。我認為，因為農地取得了陰陽平衡，所以我內在的平衡也跟著好轉起來。

有些人走入自然農法的農地之後，長年疾病就突然痊癒了，也許就是陰陽取得平衡的緣故吧。

讓我再多談一點施肥和陰陽調和的關係。

許多農家都深信不疑，認為施加大量肥料就有大量的農作物收成。如果想要收成更多，就要花更多錢買肥料，使勁地撒滿整片農地。在短時間內，收成量會大幅增加，達到驚人的效果；隔年也會再度施肥。

但這麼做後續會發生什麼事呢？如同前面所描述的，放入肥料後，厭氧菌為了保護豐穰，會製造出硬盤層，農作物的根便無法延伸更深處。結果適得其反，農家無法採收到質量均佳的農作物。

接著，小蟲會為了要幫農地解毒而聚集過來，農作物都慘遭牠們啃食。農家煩惱蟲害問題，就會想噴灑農藥來解決。只不過，消滅蟲子的副作用就是，微生物也會受到影響，進一步造成土壤惡化；病原菌接著爆發，農作物就大批腐爛。此時，農家就會想依靠殺菌劑來處理，這麼一來就沒完沒了，人與豐穰漸行漸遠，招來更多棘手的難題。儘管如此，農藥與肥料的神話歷久不衰，農家只會愈來愈依賴這些化學人造物。

身體不舒服的時候會失去食欲，但我們怕不吃東西體力會愈來愈弱，所以會勉強進食。但這麼一吃，身體更加不適、病情更加嚴重，其實應該不要勉強進食才對。

沒有食欲的時候，也許是身體要自行休養，藉由不攝取養分，試圖恢復陰陽調和。身體不適時，選擇不吃東西，保持空腹狀態，有時也能產生自然復元的效果。

就像有人透過斷食來讓健康好轉。一般人總認為，進食可以使人變得有元氣，但是吃太多就會破壞陰陽調和，反而使人生病，所以透過斷食來恢復健康當然很有道理。有些人在生病時並未就醫，而是在一段時間內攝取少量食物，最後不知不覺病就好了。我想這應該跟陰陽平衡有關係。

陰陽調和的法則更是活生生在農地裡上演。我們小學或中學老師都教過，植物生長必備的三大營養素是：氮、磷酸、鉀。

磷酸和鉀會跟土壤緊密結合，所以會在土壤內長期殘留。氮氣則會隨著水而流動，所以無法留在土壤裡。換句話說，通常，土地多半會氮氣不足。為了改善這種情形，農家就會放入氮氣肥料。可是，這麼做會導致土壤漸漸偏向陰性，破壞了它原本的陰陽調和。

關鍵在於取得陰陽調和。於是我所思考的，並不是如何補充缺乏的氮氣，而是去除破壞土壤平衡的因素，也就是磷酸及鉀。不過，到底該怎麼做才好，無法立刻找到解方。還得不到答案的時候，最佳的辦法就是借助於豐穰的力量，也就是說，透過植物的力量來解決。

我種下了小麥，因為它的特性就是能回收磷酸及鉀。種植小麥，可減少磷酸和鉀的含量，並重新設定陰陽的平衡。可是，土地就會缺少營養，愈來愈貧瘠，情況惡化下去，就再也無法孕育作物。

這種時候，只好交給豐穰去處理。儘管養分不夠，但因為土地達到陰陽調和，豐穰的力量比較容易發揮作用。接著，許多不同種類的野草就會長出來，它們能適度地增加氮氣、磷酸、鉀的比例，創造出陰陽調和的富饒土地。

要達成土壤的陰陽調和，大豆是有效的作物。大豆是不可思議的植物，它能把空氣中的氮氣吸進去，再供應給大地。針對營養失調的劣質土地，我建議可以栽種大豆，促使土地吸收氮氣。這種辦法非常有助於改善土壤品質，大豆這種作物，最樂於幫助失衡的土地。種個幾年大豆試試看，慢慢就會看見結實纍纍的成果，那正是土地變得有元氣的證據。接下來再栽種不同的作物，就會產出優良的果實。請你一定要親自體驗看看。

「五大原則」之五——「確保循環不中斷」

終於講到了第五點，最後一條原則就是「**確保循環不中斷**」。我認為，循環是自然界當中，最主要、最根本的定律。地球自轉，也繞著太陽轉。植物也一樣，播種之後發芽、成長、開花結果，再長出種子，日後又從那些新種子開始萌芽生長。晨、午、夜也有循環，春夏秋冬亦然。水也不例外。下雨淋溼了土地，經太陽光照射後蒸發，變成了雲，然後再次降下為雨。自然界一直在進行循環。

「為什麼大自然要一直循環、重複同一件事呢？」我曾有這樣的疑問。

有一天，我的目光停留在屋內裝飾用的月曆上。當時，我老家玻璃窗戶的窗框做了加工，還從很多地方都拿到月曆和時鐘，所以每個房間都掛著這兩樣東西。我當時還是個孩子，一邊盯著月曆一邊思考著：「星期日到星期六，日子不斷地延續、重複，這是否有什麼意義呢？」當下的瞬間，我立刻意識到：「原來不只是終而復始那麼簡單。」

即使日子的名稱不斷重複，從星期日到星期六又接著星期日，但這個星期和下個星期過得還是不一樣；同樣地，今年的春夏秋冬也會有別於明年的春夏秋冬。這個道理聽起來沒什麼了不起，但是我想到的是，循環這種現象，一定蘊含更重要的訊息。換句話說，並不是轉了一圈後再回到原點，而是往前進展，形成螺旋式的發展狀態。

那麼，又該作何理解這個螺旋狀態呢？

我的個性是，只要提出疑問，不查個水落石出，就不會死心，而且心情會跟著焦躁起來，連工作也做不了。我拿出一張紙，畫了個像彈簧一樣的圖案，我設想，所有的事物就像它一樣，不斷朝上旋轉變化。我專注盯著那個螺旋。於是我就明白，當中有各種力量在運作著，它們一齊轉動著，創造了螺旋般的循環。

不斷向外拓展的擴散力、往內側拉近的向心力、往上攀爬的上升力、往下墜落的下降力，這些力量精準統合之後，就會形成螺旋。

先不談螺旋的原理。但我還是無法釋懷，當中應該有個關鍵的意義。到底是什麼呢？一路思考下去，我再度靈光一現，該不會就是陰陽調和吧？

向外拓展的擴散力與往上攀爬的上升力屬「陰」，往內側拉近的向心力與往下墜落的下降力屬「陽」；由於這些元素的完美平衡，才會產生螺旋。也就是說，為了維持陰陽調和，萬事萬物時時刻刻都在運轉循環，於是就會呈現出螺旋般的發展軌跡。螺旋就是生命的原貌啊！

在大自然中，我們可以找出許多螺旋：海流、星雲、龍捲風、卷貝、DNA也是螺旋狀的。

在農地裡也能夠發現螺旋，以白蘿蔔為例，你可知道它會旋轉嗎？這現象非常有趣，白蘿蔔會跟著太陽一起轉，一邊旋轉一邊長大。找出某片白蘿蔔的葉子，然後在地上做個記號，兩、三天之後，就會發現那片葉子的位置改變了。白蘿蔔一天一點地轉動，同時往地下更深處生長。所以，請你仔細觀察白蘿蔔，買來的也可以，表皮上小小的凹洞，應該是呈現螺旋狀的。對從事農耕的朋友而言，在農地裡探尋各式各樣的螺旋，應該也是一種樂趣呢！

循環就是以螺旋的方式運行轉動，代表陰陽正在取得調和，要達到圓滿又安定的狀態。

在「感恩農法」的實務中，有一個基本理念就是：盡力沿著螺旋循環的軌跡，去培育富有生命力的植物。

吸引作用與釋放作用

讓循環繼續下去是很重要的事。從某時期開始，人類就切斷了大自然的循環鏈。為何會如此呢?消費模式破壞了大自然的供需系統,人們生活方式慢慢改變,不懂得資源回收再利用,老是用完即丟,接著不斷買入新商品。

消費供應鏈一旦產生,各式各樣的買賣就會出現,工廠開啟大量生產模式,而忽視自然的供需循環。可惜的是,世界就變成了巨大垃圾場,人們大量生產、大量消費、大量拋棄物品,進而消耗大量的能源。經濟規模因此變大,資金也大幅度流動。許多人把金錢看得比生命還重要,當然不覺得這樣凡事都便利的社會有什麼問題。

消費社會所付出的代價,就是環境受到污染、資源日漸枯竭。我個人覺得,若是人們中規中矩,生活符合大自然的規律,有些災害也不會發生。舉例來說,若是我們社會的運作非常符合自然規律,應該就不會發生像福島核災那樣的事件了。雖說如此,現代社會一切向「錢」看,對問題的癥結總是視而不見。

我們有必要認真、徹底地去思考大自然的循環。放著不管的話,將來一定會發生更多災難。

該怎麼做才能保持循環不中斷呢？我認為，每一個人先從自己做起，認真去思考，如何讓自己的生活轉型，以保持循環暢通。針對這一點，我的想法如下。

我以前練習過體操運動，日本人也都熟悉這樣運動，日本體操隊還曾在里約奧運拿到金牌，人人為之風靡。男子體操競技包括自由體操、鞍馬、吊環、跳馬、雙槓、單槓等六個項目。我在思考螺旋及循環的問題時，想起了單槓，它是體操中花樣最多、最受歡迎的項目。我也曾練習到雙手長繭，從槓上摔落甚至受傷，為了避免運動傷害，也做了相當多的練習。讀者應該知道「大車輪」這個動作吧；把單槓當成軸，身體往前或往後做三百六十度旋轉，這是單槓的基本技巧。想要成功表現「大車輪」，首要條件就是能夠在單槓上做出倒立的姿勢，接著雙腳往下垂擺。然後，利用這個重力加速度讓雙腳往上甩，回到一開始在單槓上方的倒立姿勢。如此重複相同的動作，就是大車輪。只要轉得順暢，在雙手不離單槓的情況下，就能不斷旋轉下去。這個過程可以比擬大自然的循環。

從倒立狀態到雙腳往下垂擺，我稱之為「吸引作用」；雙腳往上擺動後到回到原位，則稱為「釋放作用」。「吸引作用」能夠吸收能量，「釋放作用」就釋放能量。

在今日的消費社會中，「吸引作用」太少，「釋放作用」太多，也就是能量的釋放遠遠大於吸引，自然的大車輪因此卡住無法轉動。

人類消費物品時就是進行「釋放作用」，大自然生產資源就是在展現「吸引作用」，兩者適當地取得平衡，就能夠讓循環延續下去。我個人認為，感謝大自然的賜予，在合理的範圍內，妥善控制生產及消費流程，就可以達成循環的平衡。

這個原理也可以應用在農業上，作物收成時，就是在進行「釋放作用」，之後就得補充能量。以前的農家害怕土壤養分會流失，或為了想要收取更多的作物，而大量施加肥料。若以大車輪來比喻，運動員從下甩到上方後在單槓上倒立，順便調整呼吸，準備進入下一輪的「吸引作用」。運動員沒有動作，旁人以為他沒力了，所以從後面推了一下。你想接下來會發生什麼情況？運動員當然會失去平衡，動作做得亂七八糟，還可能摔落、受到重傷。

大自然能釋放也能吸引能量，也就是賦予萬物生命力。信任大自然的能力，人類不需多加插手，便能創造出循環順暢的生態環境。

從分針觀察到的事

人類是大自然的一部分，生活的步伐也跟著萬事萬物一起循環，與大自然切割分離的話，絕對無法活下去。

我們時時刻刻都在體驗、感受循環。你猜那是什麼呢？答案是：呼吸。吐、吸、吐、吸，無論是睡眠還是醒來，分分秒秒都在進行這個循環。只做吐氣或吸氣一項動作，我們絕對活不下去。這就是人類與大自然共生共榮的鐵證。

在情感方面，人類也會進行「吸收作用」與「釋放作用」。人感到安心的時候，就是在吸收能量；可是，感到不安或擔心的時候，就會釋放能量。

當然一般人都認為，生活最好沒有不安和煩惱，但是假如沒有這些負面情緒，也就不會有安心與滿足的感覺。正面與負面是相對的性質，兩者互相依存，缺一不可。

然而，如果總是處於不安或充滿憂慮，就會導致能量枯竭，生命力也跟著減弱。所以說，每一天都要練習滿足、喜樂、感謝與安心，才把自己的能量提升上來。這麼一來，要是偶爾有不安侵襲，或者有什麼擔憂的事，就能夠輕易地跨越、度過了。

我在前面寫到，自己曾說過三十六萬遍的「感恩」，我想那時的自己就像充飽電一樣，能量非常飽滿。先前遭遇喪子之痛，能量早已枯竭，卻因為說了三十六萬遍的感恩，讓我覺得能量又充沛湧現。因此，我才有餘力到農地去觀察，並體會到各種生命的道理。

跟練習大車輪一樣，不管任何事情，一開始從吸引能量起步，便會進行得更加順利。

經營事業也是如此。用什麼樣的心情起步，發展就會有所不同。一開始就充滿擔憂、滿心不安，做事時只在乎自己的利益，這就是進行「釋放作用」，要順利轉出事業的「大車輪」就非常困難。最後就得到處借錢，或是挖東牆補西牆，這就像在農地上施肥一樣，破壞了陰陽調和與循環。

想讓身邊的人高興或者對社會有所貢獻，這些想法會產生「吸引作用」。先把能量吸收過來，再利用這股力量去轉動循環。進入釋放階段後，短時間也會非常辛苦，縱使如此，還會有下一個吸引階段會來，屆時就會變得輕鬆了。以這個步調，不停地轉啊轉，一切事物就會開始順利地動起來。

我前面提過，老家的每個房間都有月曆和時鐘。小時候，時鐘停了要換電池、一個月過完要翻月曆，都是我分內該做的家事。

你可知道，時鐘電池用完的時候，分針一定會停在八或九的位置？不管怎麼走，都跨不過十。

你應該知道原因在哪。從六移到十二的過程中，分針為了往上走，就需要使用能量；從十二移到六是往下行，所以不需要用到能量。電池快沒電時，從六往上移動時會耗費最後的能量，於是走到八或九的地方，分針就停止了。我換過許多次時鐘的電池，因此才明白這個原理。

其實這也是吸引作用和釋放作用的原理。投入某項工作時，要先儲存能量，還是釋放能量？就像分針從十二或從六開始走，順暢度會有天差地別。

我開始要動手做什麼事情之前，腦中都會先想起分針的模樣。然後，確認一下自己到底想要從十二開始走，還是把六當作起點。

「好，做吧！沒問題的！」這麼想的話，就從十二開始，也就是馬上可以行動啦。

如果出現「可能有困難耶」這種感覺，內心充滿不安的話，分針就是在六附近；這個時候，就會選擇暫時等待一下。

只要啟動循環，任何事情都能順利進行。請你一定要懂得掌握循環的原則，在各方面多多善加利用。

一切皆是能量的串流

根據大自然的原理，只要維持吸引與釋放作用的平衡，就能啟動循環、生生不息。我也提過，人類一旦插手介入，就會破壞這個平衡，不過大自然還是有保留人們得以犯錯的空間。

在大自然容許的範圍內，循環還能繼續、生態尚未崩壞，人類就有辦法把釋放作用轉回吸引作用。這是人類才具有的生命智慧。

不論是在陸上或在海中，生物在生命被剝奪的瞬間，能量就跟著釋出，肉體也開始腐爛。為了保存肉類、避免它們腐爛，人類想出兩種辦法。

一個是冷凍，拜科技發達所賜，從遠洋捕撈的漁獲得以保持新鮮，供應給民眾食用。

另一個方法是火烤或水煮，烹調是了不起的高端技能，只有人類才擁有。在烹調的過程中，我們再次把能量放入食材裡。
我們藉由燃燒空氣而生火，而空氣就是豐穰；在烹調過中，就可以加入豐穰的能量。同時，進行烹調的人本身的能量，也會流入食材當中。縱然使用同一份食材，用心烹飪出來的食物，跟心裡覺得麻煩而煮出來的，兩者所含的能量徹底不一樣。
還有一個辦法能停止釋放作用，轉換成吸引作用，那就是「壓力」。醃漬物就是如此，透過承擔重石而受到壓力。完全自動化的調理機，用不到火的能量，因此改以使用壓力鍋烹調的話，就能啟動吸引作用。
從生活的角度來看，人們經常會說，有壓力不是好事，但是，適當的緊張及壓力，是有助於提高能量。
醃漬物也會藉由「發酵」來開啟吸引作用。味噌、醃漬物、乳酪、優酪乳都能長期保存，就是因為發酵開啟了吸引作用。

其他如日曬、燻製等自古流傳下來的調理方法，都是把釋放作用變成吸引作用。

無論是料理還是育兒，全部都是一種循環。只要記住這一點，就不會犯什麼大錯了。

這些就是我從大地身上學到的五大原則。我希望讓更多人知道它們，並且能加以善用，這個想法促使我開辦了「**大地的學校**」。

我誠心期望，大家不只可以活得輕鬆，也能活得喜悅，每個人的生命都能夠發光發熱。我想，這也是大地的心願。

第四章

全部拜好友相挺所賜

大地がよろこぶ

「ありがとう」の奇跡

對妻子兒女的感謝之心

寶貝兒子去世，妻子處於瀕死邊緣，農場也幾乎要倒閉，儘管如此，今天的我還能夠笑著生活，都是因為掌握了五大原則。接著，我們家轉型成無農藥、無肥料的自然農場之後，前來採買蔬菜的廠商接二連三出現，我想都是因為對五大原則堅信不疑，我才有辦法挺過來。

拜五大原則所賜，我找到一條明確的道路，知道該如何對待地球上豐富多樣的生命。清楚地將這些想法整理出來後，就知道該做些什麼事。我真心希望，每位讀者也都能善加應用這五大原則。

說到這五大原則，並不是我個人想出來的理論，而是大自然、農作物，甚至是兒子大地，一起透過種種現象教會我的道理。然後，藉著身邊許多人對我們的支持及援助，這些原則才得以實踐，並且融入成為我內在的一部分。

俗話說，人無法單獨生活。藉著大家彼此互相支持、互相幫忙，生活才能不斷前進。透過互相給予，而不是你爭我奪，人們也才能持續提升彼此的能量。

我偶爾會思考「緣」這個字的道理。每個人在各自歲月中成長，但卻能靠著緣分聚在一起，不就是這個世間的運作方式嗎？大地搬出家裡之後，我跟其他人靠著奇妙的緣分產生連結，他們以各式各樣的方式支持我們，同時促成了「感恩農法」的誕生。

不管我怎麼看，都得出這樣的結論：一切都是大地帶來的，他在看不見的地方，幫我們牽起了這些緣分。

「到佐佐木農場去吧。」

「去幫幫我爸爸和媽媽吧。」

我不禁想，大地會不會到處這麼請託大家呢？有這麼多的貴人，在耳邊聽到大地的低語後，不辭辛苦大老遠地來到洞爺幫忙，實在感激不盡。就算是初次見面，也能像老朋友般一起飲酒，開懷暢談到深夜，也有幾位會一邊流淚一邊談心。那些人一定是大地為我們選好的吧。

在本章，我想好好介紹幾位支持、協助佐佐木農場的朋友。我想，無論少了哪一位，我的人生就不會如此順利走過來了。我對每個人都有道不完的感謝。

那麼，要從哪一位開始介紹呢？我一邊寫一邊猶豫。

還是應該從珍愛的妻子來開始談起。假如不是邂逅了紗由美，我就不會從事農業了。我在完全跟農業無關的家庭裡長大，在二十五歲、工作上走投無路之前，從來沒有念頭想要務農。

在生命面臨大轉折的時候，開始跟大型農場的女繼承人交往，現在回想起來應該並非偶然。我此刻真心認為，為了讓我從事走上農業這條路，是萬物之神差遣紗由美來到我的身邊。

我搬到洞爺時才與紗由美結婚，在那之前，她在全國知名的連鎖居家用品店負責室內空間規劃。當時那家公司日漸壯大，員工都洋溢著無比活力，工作也非常有趣，讓人想全心投入，一展長才。因此，儘管身為農場繼承人，紗由美想必對於返回洞爺一事躊躇不定。

反觀我自己，卻是失去了在運動俱樂部工作的夢想，不得已只好當個游泳教練，後來卻變成魔鬼教官，只關心如何加快受訓學員的泳速，減少秒數後的小數點。

「這不是我想做的事。」那段日子裡，自己心中不斷冒出這種抗拒的想法。

有一次，我手裡握著碼錶，看著奮力在游泳的孩子，頭腦卻一片空白。等我回過神來，發現自己已經丟掉了碼錶、跳進泳池裡，對著被召集來的孩子說：「今天練習到此為止！現在開始自由玩耍吧！」於是，大家開始在游泳池裡玩你追我跑的遊戲。孩子們一開始雖然感到很詫異，也不知所措，但馬上就高興地玩起來了。從隔天開始，我繼續讓孩子這樣玩，當然他們的成績就退步了，我心中思忖，自己的教練生涯也差不多到終點了吧。

那時內心感到極度失落。那段日子去紗由美家拜訪時，我總深深體會到，自己被某種溫馨的氣息環抱著。

「帶這個回去吧。」

回家的時候，岳父拿農地採來的西洋芹讓我帶走，那可是新鮮現採的；在城市裡，只能在超市買到採收後放置了好幾天的蔬菜。品嘗之後，真的非常美味，當時我心想：應該沒有比這更豐足的生活了吧。

「我想在洞爺務農。」

我把這個想法告訴紗由美的時候，她一開始的反應是滿臉疑惑。我想，那時她的心境一定很複雜，當時她的工作樂趣無窮，雖然雙親期望她繼承農場，但她應該早已做好打算要違背他們吧。

正因如此，當紗由美尊重我的意願，全力支持我這項決定時，我真的非常開心，打拚的熱情與鬥志都湧上心頭。

在那之後，就如同前章所述的，一個個難關接踵而來。那些煎熬的日子裡，因為有紗由美和孩子們在身邊，我才能捱過來，一步一步走到今天。紗由美盡心盡力地維繫好我與上一代的關係。我走到窮途末路時曾跟她商量：「離開這裡吧！」她還是尊重我的想法，回答道：「阿貴想那麼做的話也沒關係。」

我前面也提過，說完三十六萬遍的「感恩」後，曾經以為家庭也會跟著改變。如今回想，那真是傲慢的想法啊。不得不改變的並非我的家人，而是我自己。對家人的「感謝」就算說三十六萬遍也不夠，因為我一直以來都依賴周遭的人，給他們帶來困擾。

我改變了之後，身旁的一切也跟著改變了；你無法改變一個人，但可以改變自己。只要自己改變，周遭環境也會改變。

我想，自己今後也會一直依靠紗由美及孩子們的幫忙，然後繼續生活下去；說不定，我已經有一點能力，可以站到給予協助的那邊了。

問題都出在自己身上

即使是現在，我也不會把農藥及肥料當作壞東西來看，反而滿心感謝。仔細一想，幫助戰後日本度過食糧災難的，毫無疑問正是農藥與肥料的技術發展

而且，因為有農家繼續使用慣行農法，我們才可以隨時隨地買到食物。

感謝前人，他們努力為日本食糧奮鬥，我們才得以活下來，也感謝農藥和肥料。我們承接了上一代的生命，我期待自己在未來也能繼續進步，有所成長。

況且，如果沒有紗由美的父母，我也不可能實現「感恩農法」。

第一代的農場主人，事業重心主要是栽種豆類。第二代主人為了能用較少的勞

力賺取更多的利益，於是改飼養肉牛及養蜂。紗由美的父親是第三代主人，他在美國留學期間，學習栽培蔬菜的技能，成為洞爺地區栽種萵苣的第一人。岳父非常勤勞，又努力經營人脈，在民間奠定了深厚的信用，甚至擔任過鎮議會議員一職。

上一代主人那麼厲害，所以也應該沒辦法信任我的能力吧。我想，對於家裡的第一個「半子」，他也曾試圖想好好栽培我，心想：「來把他訓練成獨當一面的好農夫。」

至於岳母，四個孩子都是女兒，我又是她第一的「半子」，當時應該也有很多困擾及覺得無法理解的事吧。

人一旦遇上種種問題，就會質疑起自身本來的思考方式和價值觀。上一輩所提出的道理清楚又明白，當時我卻不停在批判他們，認為自己是對的。在世上，並沒有絕對正確的事，也沒有百分之百錯誤的事。從之前討論過的陰陽理論來看，北海道屬於陰性，但是它也會有屬於陽性的夏季。換個角度看，比起一整年冰天凍地的西伯利亞，北海道就是陽性的；因此，沒有絕對的陰、絕對的陽。

過去的我，總是以對與錯的二分法在評斷生活，但我最後體悟到，那樣的生活方式不僅會傷害自己、也會傷害對方。我會陷入憂鬱狀態是誰的錯呢？一開始，我覺得是身邊人的錯，可是只要更深入地去想，就會發現，其實全是我自己本身製造出來的苦果。

岳父在二〇〇九年把農場傳承給了固執的我。雖然現在我內心仍然有許多不安，但總而言之，因為過去他曾要我做過的一些事，才造就了「感恩農法」的成功。我由衷感謝岳父。

反觀我自己的本家，雖然是經營鋁製品及玻璃窗戶窗框的工廠，但父母親幾乎都不曾對我下指導棋，他們看重的是個人的自由及獨立能力。

大我三歲的哥哥到了二十歲的時候，父親突然對就讀專科學校的哥哥這麼說：

「我們已經養育你到二十歲了，所以接下來你必須自力更生。」

「說那是什麼話嘛！」因為事出突然，哥哥覺得很生氣，但是父親很頑固，所以哥哥只能心不甘情不願地照做。他用他最愛的摩托車載著行李搬了出去，在不同的朋友家輪流借住，努力打工存錢，最後才租到了小公寓。當然，這並不代表父子斷絕關係，父親還是為哥哥支付專科學校的學費，為他承租的公寓當保證人。

三年後，就輪到我出去獨立了。我當年曾目睹哥哥離家的樣子，所以買了輕型車，做好被趕出去的準備。到了二十歲，父親果真對我說：「你搬出去的時候到了。」在租到小公寓之前的一個星期，我都在汽車裡過夜，如今想來那段日子真是美好的回憶。至於我的大學學費，也是靠父母親幫忙支付。

「你媽媽肯定很擔心吧。」經常有人對我這麼說道，但母親的個性很倔強，來我住的公寓拜訪一下也沒啥大不了，瞧瞧兒子是住在什麼樣的地方，可是她看來一點都不在乎。最後，自始至終一次也沒來過我住的公寓。

母親總是這樣跟我說：「因為我相信你啊！」

當我告知父母要到洞爺務農的時候，他們也一樣沒說什麼。不過，這並不表示他們毫不關心，我總是能感覺得出來，他們一直都尊重我想做的任何事。那份尊重相對變成了我的自信，因為瞭解到自己被人深深信賴著。二十歲就被家裡踢出來，反倒讓我培養出任何事都靠自己去闖的能力。

洞爺的岳父母以及老家的親生父母都一樣，在各個方面給了我踏實的鍛鍊。人生的事情，自己要擔起全部的責任。不過，一個人無法獨立生活，而是要靠許多人支持才能活下去，我想，那就是兩邊父母親教會我的道理。我打從心底感激他們。

奧芝社長說：「我來買下貴仁兄的想法吧。」

我對自己從事的農業感到相當自豪，儘管樸實、很難引人矚目，卻沒有其他職業能夠與生命如此緊密相連的了。

我之所以能夠持續投入這份令人自豪的工作，全是因為有農場的員工、下訂單的蔬果店及餐廳，以及前來消費的顧客和餐廳的客人。大家就像一個團隊，不斷給予佐佐木農場支持與鼓勵，每一位都是重要的夥伴。

每年的八月五日，在大地的生日這天，我們都會舉辦一個名叫「與大地同樂」的活動，邀請眾多朋友前來聚會，一同凝聚團隊的能量。在那樣的場合中，許多參加的人都感覺得，大地應該在冥冥中安排、協調吧。

有位每年都來參加活動的人，就是湯咖哩名店「奧芝商店」的社長奧芝洋介。他可以說是我們的大恩人，因為有他，「感恩蔬菜」才得以聲名遠播。

奧芝商店的湯咖哩是全國知名的，現在不僅在北海道境內的札幌、函館、旭川等地設有連鎖店，連東京的八王子也開了分店，而且不管哪一家，人氣都很高，顧客大排長龍。不過，我認識奧芝社長的時候，他才剛開店不久，仍在暗自摸索往後該如何發展。

那時奧芝社長開著發財車到處旅行，說是為了尋找食材。「其實是想逃走啦！」他本人笑著這麼說道。但因為我個人也經歷過許多痛苦的難關，所以我想他說「想要逃走」，應該是真心話。

不過，那次的「逃避之旅」，無論是對奧芝商店、還是對我們農場，都是一個很大的轉機。我在前面描述過，初次見面時，兩人一邊流淚一邊分享過往種種。那時儘管兩人都處於痛苦中，卻都對自己的理想懷抱極大熱情；奧芝社長對湯咖哩的愛，跟我對農業的堅持一樣。因此兩人才會握著手哭了起來，並給予彼此勇氣。

兩個上了年紀的大叔，淚流滿面、互握雙手的模樣，可不是什麼帥氣的畫面，但是現在只要回想起當時的情景，心中還是會悸動不已。

「我不確定貴仁兄在做的事，是好、是壞。我要買的不是高麗菜，而是你的想法啊！」

奧芝社長對我說的這句話，至今仍鮮明地留在我心裡；無論誰聽到這樣的話，都會忍不住落淚的。

「要算多少錢呢？」社長開口問道。

「我想開價每公斤六十日圓，」我膽怯地回答道，卻惹得社長生氣了。「完了，我開得太高了！」當下我感到後悔極了，畢竟加工業者才出價每公斤三十日圓而已。開出兩倍價格，確實是我貪心過頭了呀。然而後來的轉折令人意想不到。

「那麼，我再算便宜些吧。」沒想到我這麼一說，社長臉上的怒氣反而更重。

「貴仁兄的理想只值那麼多錢而已嗎？你說多少就是多少。」他回應道。

太令人意外了。

「那出六十五日圓。」

「行嗎？我可是要買下貴仁兄的想法誒。」

「那出八十日圓。」

我們就那樣不停地議價，但是在一來一往之間，我不禁這麼想：「問題並不在於賣價的高低。令我感動的是，眼前這個人，很誠懇地想要把我的理念買下來。出現了一位可以打從心底信賴的人，真的令人感到開心。」

「為什麼這裡的蔬菜這麼好吃呢？把祕密告訴我吧，拜託拜託。」他不停地追問，纏著我不放。我想，這執拗的個性，就是他能做出美味湯咖哩、壯大事業的原動力。

不僅如此，我說出「感恩心法」之後，奧芝社長馬上嚷著：「這就是祕訣！」還到處跟人家介紹，引發討論。拜他的宣傳所賜，我們家的蔬菜銷售漸漸有起色，也因為機緣產生「**感恩蔬菜**」這樣的名稱，進而聲名遠播。

令人感動、能讓人感覺美好的事情，千萬不要擱在自己心裡，要傳遞給周邊的人，這應該算是奧芝社長的經營哲學吧。他最令人佩服的地方，就是特別重視與生意夥伴要雙贏，一起獲利。他表示，未來在商場上這樣的態度是關鍵，從他身上我學到了許多道理。

奧芝社長變成訊息傳播的原點，「感恩蔬菜」才因此在札幌市內廣為人知，從東京、東海到關西等地，也因此逐漸形成了一個農業同好圈。近日，同業們創立一個名為「感恩夥伴」的聯盟。除了奧芝商店以外，服飾兼飲食集團「First Flash」、義大利料理「Orizzonte」、餐酒吧「產直大眾Bistro SACHI」、居酒屋「活棧橋」、東京的「天邊居酒屋」、連鎖居酒屋「絕好調」、愛知縣的餐廳「義大利Quinci」、抹茶店「COHAL la terrazza 星之丘」、「FASTA 一箸」、「Eat Joy Food Service道南農林水產部」、兵庫縣的「兵庫縣食材珍饌酒場WakuWaku本鋪」等都是會員，承蒙大家的盛情，社團會定期聚會，大夥一同歡聚。

大地在音樂劇及電影的魔力下重生

佐佐木農場及「感恩農法」之所以廣為人知，是《大地》這齣音樂劇上演的關係。牧里香這位多才多藝的女性，除了作詞與作曲的專長外，還會創作音樂劇，她把「感恩農法」誕生的始末軌跡，創作成一部傑出的作品。

「這段劇情真神奇！」

第一次看到作品上演的時候，我和紗由美都驚訝不已。我們未曾告訴過別人的細節，竟然有許多都被編入了劇情當中，令人不由得驚呼連連。

「哇，好像大地重新活過來又回到人間一樣。」

紗由美不由得地驚呼連連，淚流滿面。

很難挑出劇情究竟有哪些段落很奇妙，我只能說，從頭到尾沒有一處不令我讚嘆。比方說，故事在一開始就描述到，兒子大地不幸搬家了，但是在那之後卻變成守護靈，隨時引導失落、迷惘又煩惱的我們。確實，我們這一路走來，一直感應到大地的用心，而努力生活下去。

此外，更教人訝異的是，故事裡的大地在去世之後，變成了大人的模樣。大地經常出現在紗由美的夢中，而且恰好是長大成人後的模樣。這些畫面，我們從來沒有跟劇作家提起過；難道她看得見守護在我們身旁的大地，還有我們內心深處的祕密？

「應該只有我才知道的事情，結果全都變成了音樂的場景。大地從背後抱著我的那一幕，跟我隨時感覺到的一模一樣。」

聽了紗由美這番話，我震驚到說不出話來。確實如此，紗由美的心聲原原本本地化成了臺詞，一點一滴地搬上了舞臺。

還有一件令人詫異的事。音樂劇落幕之後，我們淚流滿面坐在位子上，也感到無比的欣慰。

這時扮演大地的演員朝我們的位置走來。然後他上前擁抱紗由美，叫了一聲「媽麻」，那根本就是大地呀；大地借著他的身體，來向我們問候。「媽麻」那個聲音，毫無疑問就是大地自己的聲音啊！這讓紗由美放聲大哭了起來，我也一樣覺得無比欣慰，眼淚流個不停。紗由美自己也說，大地久違的擁抱所帶來的歡喜，是任何事都比不上的。

牧里香如何能創作出這樣的劇本呢？連她本人都表示，感覺好像是有人領著她寫出來的。一切果然都是大地的安排吧？

同一段時間，還發生了一件插曲，我們的故事因而更廣為人知。那就是出現了一個人，她想要把我們的故事拍成影片，而且還要到實地去取景。拍攝的第一天是二〇一四年八月五日，恰巧是第一次舉辦「**與大地同樂**」的活動當天。

我們以八月五日是大地的生日為由，邀請了有緣的朋友前來相聚，希望能熱鬧地歡慶一番。值得紀念的這一天，居然不巧碰上了大雨，雖然也可以取消活動，但是好不容易做了準備，所以大夥兒就提議改在室內舉行，最後一致通過「好，就這麼辦」。結果每個人都玩很盡興，一同辦了一場圓滿又有趣的活動。

隔天，影片正式開拍，隔年的八月五日殺青，並於八月二十二日舉辦首映會。**片名叫做《大地花開》**（大地の花咲き），是紀錄片導演兼作家岩崎靖子的作品。片商在各地舉行放映會，若有需要發表談話時，也會邀請我們出席；我最喜歡講話了，所以總是開開心心地前往會場。

這部電影能順利完成，其實也是一個很巧妙的緣分。二〇一三年六月，紗由美在札幌參加了一場講座，主講者是西田文郎先生。西田老師是著名的冥想與心智訓練大師。紗由美當天在現場提議：「來洞爺開同學會吧。」說完以後，西田老師竟然回了一句令人意想不到的話：「不是開同學會。妳要辦一場活動，要招集一萬人到佐佐木農場。」

紗由美從來沒有辦過這樣的大型活動，雖然無法馬上有信心地允諾，但她想了想還是說：「那就借助大家的力量來試試吧！」這才下定決心，要完成老師交代的任務。這份決心是一個大轉機，使佐佐木農場聲名遠播。對於西田老師，我由衷地表示感謝。

那時，西田老師四處幫忙宣傳，把四歲大地去世的事，以及佐佐木農場想實踐的生命農業計劃告訴眾人，大家似乎感染了熱情，喊著：「參加吧！參加吧！」想不到的是，劇作家牧里香小姐也是其中一位。

原本紗由美執意不想把大地的不幸遭遇告訴別人，但西田老師這麼對她說道：「這個故事一定要說出來讓大家聽到啊！」

在那之後，我還向西田老師的一位學生請教經營之道，她就是高井洋子社長。我那時拿著財務報表直闖社長的住家，劈頭就問：「請告訴我哪個地方做錯了！」如今回想起來，真是非常鹵莽啊！

然而，洋子社長卻毫不藏私，仔細地教導我如何解讀數據，現在也仍舊不斷給予我鞭策與鼓勵。

參加講座的學員當中，有一位名叫小山吉美的女士，是大阪人。為什麼會在這個時候來到札幌參加講座呢？整件事也是蠻不可思議的。西田老師的講座在東京和名古屋也有舉辦，所以專程大老遠跑來札幌本來就沒必要。總之，這也是奇妙的緣分呢！雖然你可能已經聽膩了，但我還是不禁會想：果然是大地牽線的吧？

一萬人的企劃定案了之後，小山女士拜訪了洞爺好幾回，最後終於順利實現。

註定相遇的人，以及人與人的緣分

有個人從小山女士那邊聽到關於佐佐木農場的事，她正是岩崎導演。

「在北海道的洞爺地方，有個農場主人非常關注環境與人的關係，他要舉辦一場活動喔！」小山女士這麼告訴對方。那句話似乎帶給了導演某種靈感，於是我們很榮幸能在八月五日的活動上看到導演光臨。在現場她好像又體會到某種特別的感受，於是就展開了拍攝計劃。

小山女士是非營利團體「日本 LOVE ME 協會」的代表理事。

這個協會成立的宗旨，是要幫助擁有以下煩惱的女性：「無法喜歡自己」、「感覺不到自己的價值」、「對自己沒有自信」。協會要對她們傳達各種正面訊息，如「無需再煩惱」、「讓自己更加發光發熱」等等。小山女士自身似乎也經歷過無法愛自己、缺乏自信的時期，也曾非常苦惱各種人生問題。這樣的人真的非常多。在生活的泥沼中她不斷掙扎，苦思到最後，她得出了一個結論：**「要對一切的相遇表示喜悅與感謝！」**

她開始一點一滴實踐這個心得後，整個人漸漸散發出光芒。現在她是一名生涯顧問，對於有同樣煩惱的人，告訴他們懷抱正面想法的重要性。

當小山女士充滿煩惱的時候，她遇到了意象訓練師尾崎里美。在尾崎老師的教導下，她體會到心理意象的重要性，每個人都可以藉此活出閃耀的生命。尾崎老師年輕的時候，曾到海外進修與心理相關的課程，當時指導教授明確告訴她：「里美，日本能拯救世界。貴國的食物將會變成世人的救贖，妳一定要去回去幫忙。」她一直都把這句話謹記在心。

「阿貴，感恩農法會拯救世界喔！」尾崎老師總是給我鼓勵，大力支持「感恩農法」。

尾崎老師與小山女士讓我知道，幫助他人是多麼重要和快樂的事。我們要想辦法讓缺乏自信的人喜歡自己、散發出個人魅力、同時也能對社會有所貢獻。

事實上，過去的岩崎導演也曾在生活中有類似的苦惱。還在當粉領族的日子，她很難在人前發表談話，並為此感到相當自卑。她絕不是一個積極主動的人。

「那時也沒有什麼朋友，總是非常在意別人對自己的評價。然後，在必須達到上司期待的同時，還得時時顧慮後輩，最後好像就在雙面夾攻的壓力下被壓垮了。」

某次，因為培訓老師的一句話，而整個翻轉了她的人生。那位老師大概是這麼說的：「大部分的人若對自己沒自信，就不會採取行動，但我並不認為，做事情一定要有把握才能進行。即使沒自信、沒動力、內心畏懼，還是可以勇於嘗試、積極行動，這樣也沒什麼不好。信心不是行動的必要條件。」

聽到那段話之後，她在心態上有了一百八十度的轉變，開始能接受自己：缺乏自信、自卑、羞怯，這些個性其實也沒什麼關係。接受自己本來的樣子，就等於開始喜歡自己。

接著她辭去工作，轉行去當演員，明明沒有拍過電影卻也開始掌鏡，總之跟自信或動力都無關，她純粹為想做的事情付諸行動而已。

目前，岩崎導演陸續發表電影作品，以獨立製片上映的電影如《我的背後有路》（僕のうしろに道はできる）、《打造日本第一幸福的從業員！》（日本一幸せな従業員をつくる！），都是精彩的紀錄片，也是票房賣座的黑馬，請務必抽空觀賞。當然，也請多多支持《大地花開》。

而岩崎導演為了拍攝佐佐木農場，多次專程來到洞爺，那段期間，她的人生也有了極大的變化。

真是令人驚喜，她竟然與我們其中一位員工情定終生了。這段故事一講可會沒完沒了，所以下次有機會再詳述，不過真的很有緣呢！我心裡覺得，她是註定要遇到心上人，才會來到佐佐木農場。

再來，若沒有接下來這個人，今天就不會有佐佐木農場的存在，這位大恩人就是幫我們處理稅務的會計師森下浩先生。初次見面的時候，森下先生這麼告訴我：「我想幫助有困難的農家。如果你知道有誰需要的話，請跟我聯絡。」我跟紗由美商量之後，隔天就趕緊打電話過去向森下先生求助。

「森下先生，我們有困難！」

「聽好了。身為經營者，一定會碰到好幾次非跨越不可的困境，但千萬不能就此投降。」

森下先生不只是給予精神上的鼓勵，竟還免費幫我們重新擬定還款計劃。事後我才知道，森下先生當時是跟身邊的人這樣麼說：「那些人明明生活很艱苦，卻還是每天微笑度日。為了讓他們能繼續耕作下去，我們會計師一定要努力才行……」

對森下先生的感激，再怎麼表達也不夠。

地方上也發生奇特的故事。附近農家對人非常友善，知道我們實行自然農法後，每逢他們農場準備噴農藥時，一定會體貼地事先通知我們，並確認風向不是朝著我們，才開始作業。

「你那邊是不灑農藥的對吧？我會注意不讓農藥飄過去的。」這份特別的關照真是令人感激。

人與人之間的緣分，儘管眼睛看不見，但應該很久前就種下因子，宛如命運般的交織吧？「世上沒有偶然，一切都是註定的。」雖然是老生常談，但看到自己身上和周遭發生的事情後，自己確實無法不這麼認同。

就這樣，一個緣分招來下一個緣分，促使「感恩農法」深受各方人士支持，像一顆小樹一樣受大家灌澆，才得以茁壯讓世人是看見。這應該也是大地從中牽線的吧。因為有大地在身邊，讓我得到了許多領悟，說來他真是孝順的孩子啊。爸爸很幸福哦。謝謝你誕生在我們家！

紗由美看到的前世景象

在此，我也想談談一位人稱「亞子」的靈能療癒師。紗由美得到腎病症候群的時候，著實受到亞子老師許多的協助。在那之後，我們生活有疑惑時，偶爾也會前去請教商量，每次都能得到令人豁然明白的答案。

有熟人告訴我們：「有位很厲害的老師來到洞爺了呢。」因為這樣我們才有機會認識了亞子老師。那時候，老師是為了教授整體師的課程來到本地。

然而，亞子老師也是一位擁有感靈能力的人士，普通人不曉得的事情，她可以看見、聽到或者感覺出來。

自從大地搬出家裡之後，紗由美就開始探索靈魂方面的議題，讀了很多相關著作，如飯田史彥《生命意義的創造》以及《與神對話》等，一心希望可以跟大地說說話。在當時，「靈性」這個詞雖然已廣為人知，但是對我們來說，因為大地是自己的孩子，所以也不曾有靈性的感應。我們只是日復一日自然地與大地說話。

有一次，紗由美在佛壇前哭泣，當時她似乎有種奇妙的感應，覺得看見大地顯靈。人是否有前世、冥想是否真能讓人看見靈體，這些我不敢確定。儘管如此，透過那次體驗，紗由美彷彿可以清晰地感覺到某種因緣，並理解為何想要務農、為何會想跟我結婚。因此我覺得，對紗由美而言，那是必要的經歷。

那些因緣跟我也有很大的關係，談起來也蠻有趣的，所以我就在此簡單地描述一下她感應到的場景。

地點是中世紀歐洲的一座城堡。當時的紗由美是一位公主，但外型像是聖女貞德那樣剽悍；這的確挺像她本人的性格。她的頭靠在城堡中的大理石柱上，手捂著口，忘我似的嚎啕大哭著；她身上穿著一件藍色、繡有金色玫瑰的禮服。紗由美描述的情景相當寫實。

為什麼她在哭泣呢？因為她的兒子不幸被敵國綁架，被殺害後分屍野外。她感到悲傷又不甘心，於是命令軍隊攻擊敵國，但不管報了多少仇，還是無法得到任何安慰，國運也逐日衰退。

她過去常帶著兒子到皇室的農場去，在那兒開心地遊玩，那是唯一能與兒子相處的時間，也是非常幸福的時光。農作物豐收時真是開心啊！若是能當個農人，就可以一直跟家人在一起，感情緊密、幸福地生活著，她那時閃過這樣的念頭。

紗由美肯定是在那一生要結束時，許願下一生要誕生為農家子弟，與兒子開心地生活在一起，共享天倫之樂吧。

然而，紗由美見到的前世畫面中，我也出現了。你猜我是誰呢？你可能已經猜出來了。我竟然就是那個被殺害、分屍的兒子。

唉呀，實在太令我震驚了。

看到那個畫面後，紗由美這麼告訴我：

「我一直擔心阿貴有生命危險，心裡不時想著『求求你不要死』，原來是前世的因緣。我想，決心兩人要一起務農，可能也是前世許下的心願啊。

「相逢絕對不是偶然的，我覺得，大家會在一起，都是因為上輩子說過『下次再見』，或是相約再做某事，有了約定才會相遇。而我跟阿貴的約定應該就是：下輩子再次見面的話就一起務農，共組幸福家庭，防止世界戰爭，打造一個人人都會幸福的世界。」

紗由美說出了那樣的肺腑之言。

我覺得她的感應很有道理。每隔幾年，身邊就有親近的人去世，總讓我覺得「人會輕易死去」，所以我本來對於活著這件事看得很淡。我也打從心底認為，自己何時死去都不奇怪，死了也沒有關係。以前我跟紗由美提起這個想法，她態度馬上就會變嚴肅，跟我大發雷霆。

「你自己覺得死掉沒什麼關係，可是留下來的家人該怎麼辦呢！」

原來背後就是有這樣一個前世因緣，她腦子裡才會一直想著，希望我下定決心好好生活。

另外，她還說過：

「人生發生的每件事情都有意義，就連生病也是在提醒我們要好好把握生命。如果我有任務需要完成，要成為人類的助力，請讓我活下去；如果沒有的話，我想去大地在的地方。」

那是紗由美罹患腎病症候群說的話，當時她不知何時會死，而這番話展現出「放手一搏」的豁達與勇氣。總之，包括大地在內，她與眼睛看不見的世界對話絕對不會錯。

那段時期，紗由美又認識了亞子老師，對方也對她多所教導。兩人認識的那天，剛好是紗由美的生日，也是大地搬家後滿三個月。紗由美認為，這個相逢是大地送來的生日禮物。

如我之前所描述的，滿月的那個晚上，紗由美終於開始排尿，連續排了三天，整晚都在跑廁所。先前接受亞子老師治療時，她曾經告訴我們：「紗由美身體裡的水在說：『不知為何，現在就是不想出來。』所以我跟水說：『想出來的時候要流到身體外面去，告訴自己出口在哪裡。』」

「啊？你們終於想要出來了呀！真是感謝。好，那我就繼續活下去吧！」紗由美不停排尿的時候，好像是這麼想的。

在下一次滿月的時候，她身上又發生了同樣的事，原本浮腫而胖嘟嘟的臉和身體像氣球消了氣般縮小，三十公斤的水排出體外後，病也就意外地治好了。

在那以前，紗由美接受過各種治療，也請教過靈媒。當時她的想法是，無論如何都想從大地口中聽到，為什麼他要搬出家裡。不過，幾位老師給我們的感覺都不對。遇見亞子老師後，她心頭立刻湧上：「啊，就是這個人！」這種相應的感覺，也就是亞子老師教導的心法，讓紗由美跟我可以直接從大地那兒取得訊息。

亞子老師不會自行下判斷，也不會指示我們要怎麼做，而是以詢問的方式進行：「紗由美認為如何？感覺得到大地在說什麼嗎？」她不會誘導或強迫我們接受她個人的解釋，而是從頭到尾重視我們的自主性。對於不惜一切代價，想親自跟大地溝通的我們來說，亞子老師就像是盞珍貴的明燈。

現在回頭看，我認為亞子老師教會我們的，是與自己的內心對話、與自己和好。

奇妙的是，亞子老師觀賞音樂劇《大地》之後說：「這跟我看到的光景一模一樣。」

她還說，電影《大地花開》的最後一幕，跟她透過大地的視線所看到的影像完全一樣。在那個畫面中，導演用空拍機拍下農場的全景，並從空中捕捉到「與大地同樂」的活動場景。

我個人雖然不太瞭解靈性世界的事，但是從目前為止的經驗當中，我清楚體悟到世間並非只由看得見的物質所組成。透過大地，我才能夠認識像亞子老師這麼奇妙的人，而且為了更深入瞭解生命的真諦，對於無形世界所發生的事情，今後也希望認識更多。現在我總覺得，看得見的和看不見的事物，其實彼此都交織相連。

聚集各式各樣生命的佐佐木農場

來到本章的尾聲，我想談談佐佐木農場的員工。

他們都是經過各種不同的人生旅程，才來到佐佐木農場，我們也感到特別有緣。我打心底誠摯地感謝所有員工。在工作種種過程中，夥伴們一起哭泣、歡笑，同時也一路成長。

現在，有許多人一接觸到「感恩農法」，就會前來拜訪，表明想留在這裡工作。

特別是有許多內向的人，他們不擅長經營人際關係，所以想投入大自然、與植物一起生活。雖然對他們感到抱歉，可是我還是一一婉拒了。理由在於，人類會說話，即使不開口，只要觀察表情及肢體動作，也能知道彼此現在的心情如何，是非常容易溝通的對象。植物則非常纖細，別說是語言了，連表情也沒有，要捕捉到植物的需求非常困難。可是，做不到的話，就沒辦法在佐佐木農場工作；與植物溝通是感恩農法不可或缺的條件。

植物不會說任性的話，也不會責怪人，更不會口出抱怨及惡言，但也不能因此就對植物抱持隨便應付、漫不經心的態度。我希望一起參與工作的人，都能夠懷有謙虛的態度，接受植物所教導的一切。

一旦心懷謙虛，過往在人際關係上經歷的痛苦、煩惱就會消散。我跟紗由美是過來人，我們一路走來，嘗過許多人際關係帶來的煩惱及痛苦，所以很努力在排解這些問題。

農場員工當中，像小山女士及岩崎女士那樣「無法喜歡自己」的人很多，但接觸了感恩農法後，想法就漸漸有了轉變。

比方說，如果有人說你「像害蟲一樣」，或者「真像病原菌」，你會有什麼感受呢？我想，當然不會有人感到開心。當面被人這麼形容，任誰也會沮喪，變得討厭自己。也有很多人自我認定：「我就跟害蟲和病原菌一樣是沒有價值的人。」因此感到失落、失去生存意志。

然而，在感恩農法裡，害蟲和病原菌都是令人感激的生命體，為我們幫大地解毒，是不可取代的生命。被人說「你是害蟲」，其實也沒必要鬱悶。假如被人說「你是病原菌」，就反過來想：「原來我有那樣的用處啊！」覺得開心就好。

無論是誰，有正面的部分，就會有負面的部分。「溫柔的人」往往會意識到自己內心負面的那部分，使他無法喜歡自己，也就無法體會到「感恩農法」的道理。其實，所謂的正面與負面，也不過是自己的主觀判定而已。

認為自己沒有價值，就等於承認害蟲是不好的，這是很大的錯誤。我從某個時期開始，就變得非常喜歡小蟲、雜草及微生物；一看到它們活力無限地散發生命光芒，就不禁愉快起來，湧出幸福的感覺。我根本下不了手殺死它們，所有的生命都是有其必要才會存在。

接觸「感恩農法」後，每個人就都會產生那樣的情感。而對於負面的想法，不需要責怪，也不需要修正。那些自認為的缺點，對於自我成長來說，有相當大的助益，既值得高興，也值得感恩。因為這樣，我家農場的員工，各個精神奕奕、散發朝氣。

這就是佐佐木農場最引以為傲的事。員工的生命時時發光發熱，蔬菜也跟著生氣盎然；人人展現他最耀眼的性格，充分發揮自己的能力……這麼一來，地球不就可以更加自然燦爛，且洋溢著愛與和平。

由此可知，佐佐木農場是眾多生命聚集之處，不僅靠著許多人的幫忙與支持，小蟲、雜草、微生物也功不可沒。所有生命都能夠在此快樂地工作、愉快地遊戲，它們全部都是這世上獨一無二的寶貴生命。

此外我認為，在不久的將來，我們有必要進一步實現農業的改革與進步。現在正是起步的最佳時間點，一方面持續關注環境問題，並啟動循環型農業。

我認為，人類得向天地萬物、豐穰看齊，繼續推動傳遞生命、循環不息的農業，這就是佐佐木農場希望與員工共同實踐的方向。

願各位讀者也能夠一邊讓自己的生命散發光芒，一邊快樂地生活著。

第五章

佐佐木農場珍惜愛護的事

大地がよろこぶ

「ありがとう」の奇跡

「感恩農法」即是生存之道

佐佐木農場的經營理念是：

「萬事萬物環環相扣，不斷循環。」

我想透過農業向世人傳達這個道理，並與大家一起思索生命議題。農業是一種多面向的工作，人在當中可以思考生命，畢竟整個環境都充滿大大小小的生命。

「感恩農法」雖然稱作農法，卻不單單是一種農業經營方式。我認為，它更是一種生活方式，提供我們另一種生存之道。實踐這種生活方式，日子就會過得順利，困難迎刃而解，碰上人生的難題時不再感到困擾，反而會覺得幸福。

我每天都在體驗這樣的生活，任何人都做得到。接下來我會仔細說明這個道理。

農業非常重視大自然的規律。在秋天的尾聲，果實會成熟，種子落入大地。在北海道的話，種子會在被雪覆蓋之前落地。一般人應該會以為，埋在雪裡的種子很不容易發芽長大，但其實白雪底下非常溫暖。在大雪覆蓋下，種子得到了保護，到了春天，就會萌生新芽。

這個時期的蔬菜非常好吃，而且充滿了生命力。夏天因為酷熱，所以盛產可以讓身體降溫的農作物，如番茄、小黃瓜、西瓜等。秋末之際快要迎冬的時節，吃進去的食物養分必須儲存在身體裡。冬天的農作物可以讓身體變暖和，也可以為下次發芽做好準備。

「感恩農法」的基本原理，就是自然的韻律。

你不覺得經營一家公司也一樣的嗎？企業也是有機體，在春夏秋冬的循環中運作著。創立新公司或是推出新商品，都是在春天。儘管說春天是發芽的季節，但沒有做足準備就貿然創業，之後的營運也會困難重重。就像播種一樣，在產品上市前，研發、行銷、建立人脈等步驟都缺一不可。這樣一來，種子就能發芽，商品也能順利賣出。

不過，若維持固定的運作模式，就是非常大的錯誤。秋天終究會來臨，存貨就會慢慢減少，到時候再慌張就來不及了。人必須預想到銷售週期的變化，做好儲備，接著就再等待下次播種發芽的時節。此外，該用什麼策略來營運也非常重要，得詳加規劃。播下種子後，就進入了耐心等待的階段。公司必須周而復始完成這些步驟，才能順利運轉，否則公司的發展就會停滯不前。

經營佐佐木農場以後，我多次在谷底掙扎，現在也依舊在摸索著。不過在發現「感恩農法」後，在奮鬥的同時，就會感覺到自己總是望向有光的角落。有時光線很微弱，但有了這道光，就能從困頓中熬過去。

我一路走來，不停在思考，怎樣的經營方式才符合「感恩農法」的精神？以往我總無法說得條理分明，但現在終於多少有點頭緒，請容我接下來好好地介紹。

今日，世界已經進入一個商品賣不掉的時代。

在富裕的日本，無論走到哪裡，隨處可見過剩的物資。

在這種環境下，我發現顧客購買商品的理由取決於「**故事**」這個元素。那麼，日後又有什麼樣的因素會左右我們消費的方式呢？

在個人販賣蔬菜的過中，我領悟到，其實很多民眾都想要幫助日本，希望自己的國家往更好的方向發展。

「我想支持貴仁兄，所以才前來購買呦！」我身邊出現了許多這樣的人。買過的人覺得好吃、品嘗到美味，就會再度光臨，也會想把好東西跟好朋友分享。這樣的流動便是一種好的消費模式。

消費者購買我家的商品，也是直接對社會產生貢獻；大家一同扮演重要的改革者。買了佐佐木農場的蔬菜，不僅自己吃了有元氣，社會也會變得美好。在各方人士的支持下，我家蔬菜的銷售愈來愈好，我心裡是既開心又感動。

我覺得，支持佐佐木農場、購買蔬菜的好顧客，其實也算是我們的夥伴，因為彼此擁有共同的願景及夢想。

有一位重量級人士，向全國民眾介紹佐佐木農場的蔬菜，那就是「人與經營研究所」的大久保寬司先生。大久保先生過去在ＩＢＭ任職，他體悟到，企業的本體終究是員工，於是在全國各地從事培育人才的輔導工作。他看到佐佐木農場的努力而深受感動，於是呼籲大家一同來支持我們，親自出馬為我們促成許多好緣分。

「來吃佐佐木農場的蔬菜，讓日本變好喔！」

他在全國各地為我們宣傳，我們才有幸獲得各方民眾的協助。大家都表示：「齊心共築日本的新未來！」能夠實踐「感恩農法」，又受到各界的熱情支持，我感到非常自豪。

「感恩農法」是一種農耕技術，能使一切生命神氣活現、閃閃發光，更是一種生活方式。只要大力宣傳這個農法，大地之母肯定會感到歡喜；她一旦歡喜，我們肯定也能變得幸福。落實感恩農法，我們就有機會實現喜樂無限循環的社會。

若消費者變成支持這個理念的夥伴，不光是支持佐佐木農場，而是有愈來愈多年輕農人投入這項志業，國民也會變得愈來愈健康，最後地球到處都有正向循環的能量。正因為日本這個國家的人民與社會比其他國家都更豐足，所以才應該肩負著創造正向循環的社會使命。

我想懷抱這個大願生活下去。

如實看待生命原本的樣貌

我最近不停在思考：「活著的意義是什麼？」雖然活著本來就理所當然，沒什麼好懷疑的，可是我覺得當中有奧妙的道理。

不只是人類，小蟲、雜草、微生物每天完成的工作也很厲害。光是好好活著，我們就已經達到滿分的成就；接著我還迫不及待想要完成兩百分、三百分的工作。我的看法是，活著就是「**善用生命的時間**」。每一個人、每一種生命體都有各自的生命時間，活著就是為了盡力善用它們。有了這樣的觀念，無論對於哪一種生命體，就都能心生愛惜之情。

我曾種過紅蘿蔔。一開始令人有點挫折，只長了小姆指那麼丁點大的紅蘿蔔而已。

怎麼辦呢？要丟掉嗎？可是，等一下。這些小蘿蔔也是生命啊。費盡心力使用自己的生命時間，努力活在這當下。充分發揮那生命的特長，不就是我們農家的任務嗎？

那時候，紗由美對我說了一句很有道理的話：

「這不就是小一號的蘿蔔嗎？好可愛喔，就當成迷你紅蘿蔔賣吧！」

不只有橘色，還有黃色和紫色的，我們組合成一盒販賣，意外地大受歡迎。來買的人也感到十分高興，紅蘿蔔也應該會為我們高呼「萬歲」吧。

我種過洋蔥，也是失敗了，長得比乒乓球還小。怎麼辦？要丟掉嗎？那麼一想的時候，紗由美又說話了：

「這不是彈珠洋蔥嗎？好可愛喔。」

這個也賣得很好。

農作物的收成結果時好時壞，但是絕對沒有「種壞」的蔬菜。

這些蔬菜都是我撒下種子、栽培長大的，這是身為農家的職責，該如何善用它們的生命，也要納入考量。就算是形狀較醜，大小不合標準，也都全憑人類的主觀評斷。從生命的觀點來看，大小、形狀、顏色都不是關鍵，每個都是珍貴的生命。它們何嘗不是善用時間，盡心盡力活到今天，如果只是因為長得小，就被淘汰、丟棄，這些小生命會做何感想？不管是紅蘿蔔還是人類，都同樣擁有生命。假如我們能尊重紅蘿蔔的生命，就能感受自己的存在感，最終與萬物感同身受。這就是「感恩農法」美好的一面。

不用再期望農作物要長得更高大、更筆直，而是認同生命原原本本的樣貌，這就是感恩農法的精神。

教養孩子也是同樣的道理。

不會讀書的孩子、不擅長運動的孩子、好動的孩子、頑皮的孩子、身心有障礙的孩子……孩子的樣貌形形色色，卻沒有一個是不好的。我希望，身為父母的人，可以去探索孩子的長處，思考他們在世上所扮演的角色。

走入農地，就會明白大自然沒有所謂「失敗的生命」。以前我會自怨自艾：「種出這樣的紅蘿蔔真是失敗啊！」但事實絕非如此，生命以其原有的姿態，全心全力地活著。希望我們都能如此認同生命的原貌，這也是我在農地裡所學到的、最重要的領悟。

從感知生命的存在開始

生物絕對不會放棄自己的生命，還會設法延長壽命，盡可能活下去。看到腐爛的萵苣仍保有生機，我深受感動。

有人說：「蔬菜爛了就不能當商品賣。」這麼想也沒錯，但我一直在思考生命究竟是什麼？腐爛的萵苣仍有生命，還在奮鬥，似乎在傳達什麼訊息？

縱使腐爛不堪，萵苣也都沒有放棄，反而努力延長生命的限期，做出有益的貢獻。這不是很勇敢嗎？

就算是腐爛的萵苣，也能扮演重要的角色，那就是讓自己成為大地的養分，以孕育下一代的萵苣。它完成了一項非常關鍵的工作。

當年我一開始務農時一籌莫展，陷入憂鬱狀態，又碰到兒子去世，狀態跟爛掉的萵苣沒兩樣。那時我心灰意冷，認為自己人生毀了，什麼都不想管，通通放棄好了。

就在那時，農地的蔬菜、小蟲還有大地逐一教會了我：萵苣即使腐爛了也不會自我放棄，還在努力完成自己能做的事。那幅景象使我獲得了勇氣。

「假如明天就是死期，那今天要怎麼過呢？」腐爛的萵苣好像在對我這麼說。

我那時想到，那就要拚命活著。至少，就把今天一整天過得盡善盡美。我們每一個人都是活在這一刻，都在善用註定好的生命時間。我不想只為了自己活著，而是想珍惜時光，努力幫助身邊的人。

我想活在當下，讓自己及周遭的生命一起散發光芒。

我會有這樣的心境，也是因為某個因緣促成。

「兒子大地雖然已經死去，從今以後，我會把現在腳下的大地當作兒子來看待，繼續活下去。」兒子大地去世後，翌年，當我站在農地時，這樣的心情湧現了出來。

所以我在播種的時候，都會一邊打招呼一邊撒種子：「嗨，大地啊，拜託你囉。」

收成不理想的時候，彷彿會聽到大地的聲音遠遠傳來：「爸爸，對不起。我努力了，可是還是辦不到。」

我對大地回應道：「沒有失敗的生命呦。」

大地教會我的事，反過來他讓我教導兒子大地。

「所有的生命都是盡心盡力活到今天，都是為了與某個生命相連而誕生到世上。將這些蔬菜送到人們手上，就是爸爸的工作。」

無論何時，我總會一邊工作，一邊與大地進行這樣的對話。

你不覺得把務農當成工作很棒嗎？

即使不當農夫，我現在還是會做有意義的工作。

我想起以前在運動中心工作時的事，就會自我反省到當時應該還可以投入更多努力，嘗試不同的工作方式。丟掉碼錶、跳入游泳池與學員玩遊戲，導致他們泳速退步，我也不得不辭職，離開運動中心。但正因為如此，我現在才能夠從事農務。我也曾想像過，假如當年繼續當教練，會演變成什麼結果呢？

丟掉碼錶之後，我跟孩子的距離確實拉近了。比起扮演魔鬼教練，孩子更信賴與他們一起在水裡玩的我；最重要的是，我建立起人與人之間彌足珍貴的信賴關係。

如果從這個新關係出發，再次展開泳訓課程的話，會有什麼結果呢？我想，孩子的成績一定會大幅提升吧。

這時我才重新體會到，不管做什麼工作，最重要的就是要關注生命。

憔悴失志的那段日子，我只會用對錯二分法傷害別人。寶貝兒子死去、農場瀕臨破產邊緣、妻子也差點喪失生命，度過這些難關，好不容易終於走到這一步，才能夠坦誠面對生命。

我知道世上有許多人跟那時的我一樣，抱著痛苦及煩惱生活。既然如此，我想自己的體驗或多或少能夠提供一點幫助，所以現在會舉辦以「感恩農法」為名的讀書會，向大家介紹這種獨特的生活方式。

要怎麼做才能實踐「感恩農法」呢？經常有人問到這個問題，基本上它是「面對全部生命」的哲學。以這個哲學為基礎，請每個人好好思索，以務農的角度來看，作物、雜草、蟲子該如何與土壤共處才好呢？從事其他工作的人，我也希望他們能觀察自己的工作環境，瞭解一起工作的同事與相關部門，藉此去思考如何面對生命。

我不是以指導者的身分，一個指令一個動作，去告訴別人怎樣做比較好。說到底，我只不過是提供切入點及線索而已。在尋求方法之前，請先把焦點放在生命上，自然就會慢慢找到方法了。

神賜予我說「感恩」的機會

閱讀小林正觀先生的書，說出自身年齡一萬倍次數的「感恩」，透過這些方法，我改變自己對周遭的看法，也學會感謝所有生命。

「三十六萬遍很厲害耶。」大家都對我這麼說。可是請想想看，一旦下定決心要對全部的生命道「感恩」，三十六萬遍也不過是接近起跑線或剛起步不久而已。光是向自己體內的細胞一個一個道「感謝」，就必須說三十七兆遍了。因為有腸內細菌在工作，我們才能活著，換算成數字的話，就要說出一百兆個感恩、感恩、感恩……永無止盡的感謝。

腸內細菌跟身體其他細胞一樣，舊細胞會隨著時間死去，新生細胞不斷再生，因此數量永遠都數不完。

換句話說，我們周遭環境中可以「感恩」的對象無限多，用盡一生持續不斷地說「感恩」，怎麼也說不完。

這些數不盡的「感恩」機會，難道不是神給我們的恩賜嗎？

不吃食物就活不下去，應該也是為了讓我們懂得「感恩」吧？

我身為農家人，期望每位接觸到食材的人都能夠展開笑顏。那些生命體變成我們體內的一部分，若能對它們道出「感謝」，自然就會笑容滿面了。

「飲食」這個活動，本身就帶有讓人幸福的意義。只要從是跟飲食有關的活動，都會希望食用的人感到幸福。無論是購買食材、外出用餐或在家烹飪，我們都希望家人、伴侶或朋友能感到愉快，覺得生活愜意。

所有的人都離不開食物，也透過食物與其他生命相連。無論你是誰，都會希望自己能讓某個人感到歡喜。於是我不斷在思考，要如何透過感恩農法，慢慢將這種觀念傳遞給更多民眾知道。

最後，我想再彙整一次「感恩農法」的五大原則重點，希望你能多回顧一遍。

1. 認同生命力

無論是人或植物，沒有一種生物是只靠自己的力量存活於世間。即使是自己的身體，以意志力能控制的部位也相當有限。

似乎有某種能量讓我們活著，那就是生命力。體認到這一點，就是第一個原則。

2. 感受能量

不管是人、植物、物質，還是場所，全部都有能量。請試著，練習感受這種能量。能量是無限的，然而人類卻總是在互相奪取。其實只要連結上無限的能量，無論多少，都能分享給其他人。若能現實這種生活方式，就能與全部生命的幸福感連結在一起。請試著去感受能量吧！

3. 相信豐穰

「豐穰」即是無限能量的源頭，也可以說是大自然的恩賜。要相信它的存在，才能與豐穰產生連結。另一方面，豐穰也希望串連起萬物的生命。不過，因為人類並不相信它的存在，因而連結就此中斷。豐穰也是能量的充電器，只要相信它，無限的能量就會源源不絕湧入我們的生活。

4. 陰陽調和

萬事萬物建立關係時，都以陰陽法則為基礎。盡力取得陰陽調和，才符合大自然的規律。舉例來說，偏陰性的土地會長出陽性的草，才能達到陰陽調和。從身心健康到人際關係，只要理解了陰陽屬性，我們就會明白自己為何會處於現在的狀況。瞭解陰陽的規律，就能逐漸找到突破困境的方法。

5. 確保循環不中斷

這是自然法則中最根本的要素。像莫比烏斯環一樣，大自然沒有開始也沒有結束，而是不斷在循環。不過，那個循環並非在同一位置重複繞圈圈，而是以螺旋狀慢慢轉動。只要這個循環順暢無阻，農家就能收成豐盛的作物，人們也能走在無比燦爛的人生道路上。請試著確認看看，自己的做事方法是否符合上述循環的軌跡。

掌握了這五大原則後，不管碰到旁人認為是多麼困難的狀況，我也不曾沮喪失意。也就是說，我不會從一開始就當它們是難題。我變成無比樂觀的人，即使生病了、變窮了、變老了，仍然會認為自己很幸福。這就是最棒的人生，對吧？

這一切都要感謝大自然賜予的五大原則，以及付諸實行後所帶來的好運道。

我希望愈來愈多人，能把這五大原則當作自己的錦囊妙計，並充分活用於自己的人生當中。

結語

一切盡是生命的恩典

「我想做被人需要的工作。」

我早在從事農業以前，就一直懷有這樣的想法。為了實現這理想，我也曾經來回奔走，嘗試過各種不同的做法。但即使已筋疲力盡，仍舊無法實現目標，好幾次沮喪難過，次數多得記不清。

不過，實踐「感恩農法」以後，我才領會到，被人需要這件事其實很簡單。從蔬菜及蟲子身上，我學到的教誨就是，自己能生存下來，全都依靠周遭的事物在支持，光憑這一點就令人喜悅。不要單方面只想到自己，只渴求被需要的感覺。我們也要觀察到，環境中有這麼多必要的事物在支撐我們的生命。

我每天早上都會開著小發財車，慢慢地繞著農地開一圈。繞行時，我總會打開車窗，向萵苣、高麗菜、紅蘿蔔問候：「早安、感恩、今天感覺如何？」不只是對農作物如此，對於田裡的其他生物，我都用同樣的方式一一問候：包括飛舞在空中的蝴蝶，與作物鄰近的茂盛雜草，以及儘管眼睛看不見、卻生存在土壤中的無數微生物。

在一聲聲問候中，我祈禱它們的生命能夠在此地發光發熱。對我而言，它們是不可取代的成員與夥伴，是絕對必要的生命體。

只要它們的生命燦爛輝煌，我就能種出能量滿點的蔬菜，進而讓每一位消費者享用，當然自己也可以吃。這麼一來，吃的人的生命也會跟著變燦爛，心裡充滿喜樂。那樣的感謝及喜樂之情，將會轉回到我身上，使我變得幸福。

這些消費者支持感恩蔬菜又吃得歡喜，我的責任就是把菜送到他們手裡。對蔬菜而言，愈多人喜歡，它們的生命也會愈發閃亮。

對蔬菜以及前來購買的顧客而言，我這個農場主人也扮演非常重要的角色。在我與農作物、雜草、小蟲、微生物以及與顧客之間，所有生命體產生了互相依存的共生關係。

世上沒有單向的關係，你也不會是某人某事的唯一助力。有助人者，也有受助者，有互助關係，彼此的生命才能綻放光芒。

如果有人把你當成世上唯一不可取代的人，那你一定要向對方表達，對你而言，他也是必要的人。只要微笑說出：「我永遠對你充滿感激。」就足以表達心意。不斷說出「感恩」，對方一定也會報以同樣的感謝之情，從此建立起互相依存的關係。

雖然我經歷過這麼多痛苦的事，但正因為有了那些歷練，才會發現「感恩農法」。根據我的經驗，痛苦的時候能說出愈多遍「感恩」，就愈有機會把苦澀轉化成喜悅。畢竟，說一大堆抱怨、不平、不滿的話，也不會讓你看到一絲曙光。即使希望的光還在遠方，但「感恩」兩字卻能帶領我們走向它。不管它多微弱，只要看得見，就能夠揚起往前衝刺的熱情。

在眾多生命體的支持下，最終我才踏上這一大片光明之地。這段經歷如今變成了音樂劇跟紀錄片，現在又拜編輯鈴木七沖先生之賜，得以出版成書問世。一路走來，我比任何人受到更多生命體的扶持。而只有親身經歷的真實故事，才能為身邊的人帶來力量。對我而言，這具有無比重大的意義。

擁有痛苦回憶、慘痛經驗的人，當然不只有我一人。許多人遭遇到更嚴苛的考驗，在幾番低潮後，才死命掙扎存活下來。此時此刻，應該也有人就陷於茫茫苦海之中。對於正在經歷酸楚煩惱的人，若能透過本書找到解方，把吃苦當作吃補，進而幫助他人，那我就再欣慰不過了。

用務農來做比喻的話，大家常常把苦痛及掙扎當成「害蟲」，一定要趕盡殺絕，或是看成「雜草」，必須要強硬割除，甚至視為病原菌及令人反感的微生物。總之這些都是令人討厭的事物，統統消失的話最好。然而，就「感恩農法」的哲學來講，害蟲、雜草、病原菌都不是多餘的存在，全部都是值得感激的生命體。同樣地，根據它所實踐的「生活方式」，當中既沒有痛苦也沒有辛酸，因為全部都是值得感恩的體驗。

為了持續心念專注在感恩上，也為了與大家分享所有不可取代生命體與大地教導我的事，接下來我想朝著新的挑戰邁進。感謝你撥冗讀到最後，深深感恩。

三十六萬遍感恩的奇蹟：所有生命都是值得感激的存在！用心念的力量，
向大自然學習幸福之道〔感恩增修版〕／村上貴仁著；蘇楓雅譯.
—二版.—臺北市：時報文化，2020.10；272面；14.8×21公分.—（人與土地）—
978-957-13-8389-7（平裝） 1.農場管理
431.22 109014381

ISBN 978-957-13-8389-7 Printed in Taiwan

人與土地0023

三十六萬遍感恩的奇蹟：所有生命都是值得感激的存在！
用心念的力量，向大自然學習幸福之道〔感恩增修版〕

作者 村上貴仁 ｜ **譯者** 蘇楓雅
主編 郭香君 ｜ **責任編輯** 許越智 ｜ **責任企劃** 張瑋之 ｜ **封面設計** 兒日 ｜ **內文排版** 張瑜卿
編輯總監 蘇清霖 ｜ **董事長** 趙政岷
出版者 時報文化出版企業股份有限公司 108019臺北市和平西路三段240號一至七樓
發行專線 (02)2306-6842
讀者服務專線 0800-231-705 (02)2304-7103 ｜ **讀者服務傳真** (02)2304-6858
郵撥 1934-4724時報文化出版公司 ｜ **信箱** 10899臺北華江橋郵局第99信箱
時報悅讀網 www.readingtimes.com.tw
綠活線臉書 https://www.facebook.com/readingtimesgreenlife/
法律顧問 理律法律事務所 陳長文律師、李念祖律師
印刷 紘億彩色印刷有限公司 ｜ **二版一刷** 2020年10月 ｜ **二版七刷** 2024年2月6日 ｜
定價 新台幣320元 ｜

時報文化出版公司成立於一九七五年，並於一九九九年股票上櫃公開發行，
於二〇〇八年脫離中時集團非屬旺中，以「尊重智慧與創意的文化事業」為信念。